ZERBRECH—LICHER PLANET

IMPRESSUM

Aus dem Englischen von Dagmar Brenneisen.

Titel der Originalausgabe: "Fragile Planet", erschienen bei Collins, einem Imprint von HarperCollins, unter der ISBN 978-0-00-840931-9.

Umschlaggestaltung von GRAMISCI Editorialdesign, Claudia Geffert, München unter Verwendung folgender Abbildungen:
Titelseite: Arizona, © John Sirlin / Alamy Stock Photo
Rückseite: Forest Service / © US Department of Agriculture / Science Photo Library;
Tornado, © Cammie Czuchnicki / Shutterstock.com
Perito Moreno, © Oleg Senkov / Shutterstock.com

Vorwort von Fritz Habekuß, Foto: © Vera Tammen/ZEIT PR

Unser gesamtes Programm finden Sie unter kosmos.de.
Über Neuigkeiten informieren Sie regelmäßig unsere Newsletter, einfach anmelden unter kosmos.de/newsletter

Gedruckt auf chlorfrei gebleichtem Papier

Für die deutschsprachige Ausgabe:

70184 Stuttgart, Pfizerstraße 5-7

ISBN 978-3-440-17299-5
Projektleitung: Glenn Riedel
Redaktion: Wiebke Hebold
Satz: Dagmar Brenneisen, Speyer
Produktion: Klaus Jost
Druck und Bindung: GPS Group, Ljubljana
Printed in Bosnia and Herzegovina / Imprimé en Bosnie-Herzégovine

ZERBRECH—LICHER PLANET

ZEICHEN DES KLIMAWANDELS

Aus dem Englischen von
Dagmar Brenneisen

KOSMOS

INHALT

VORWORT

Es gibt ein paar Sätze, die bei jedem Gespräch über die Klimakrise zwangsläufig fallen, und einer davon lautet: "Wir wissen doch schon genug!". Man kann dagegen nicht viel einwenden. Der erste Bericht des Weltklimarats erschien 1990, und seitdem werden jedes Jahr tausende neue Fachartikel veröffentlicht. Darin geht es um schmelzende Gletscher, ansteigende Meeresspiegel, Dürren und Überflutungen. Kennt man alles.

Also, es stimmt: Um zu handeln, wissen wir längst genug. Und dennoch stimmt der Satz nicht. Das hat damit zu tun, dass wissen etwas anderes ist als glauben.

Acht von zehn Deutschen leben in Städten. Sie sind damit nicht entkoppelt von natürlichen Kreisläufen, im Gegenteil, aber sie leben mehrere Schritte von Ursache und Wirkung entfernt. Klimakrise, das sind untergehende Inseln im Pazifik oder afrikanische Städte, denen das Wasser ausgeht oder Waldbrände in Brandenburg. Aber es meint eigentlich nie diese große Ungeheuerlichkeit: das Ende der Welt, wie wir sie kennen, der einzigen, in der wir zu leben gelernt haben.

Wie leicht ist es, alle wichtigen Fakten zur Klimakrise zu kennen und sie trotzdem nicht für voll zu nehmen. Ich glaube, dass die allermeisten von uns in diese Falle tappen: Wir wissen von der Klimakrise und glauben sie nicht.

Zerbrechlicher Planet konfrontiert seine Betrachter:innen damit. Dabei sieht man auf den Bildern kaum Menschen, man sieht ihr Werk, im doppelten Wortsinn. Man versteht dabei, dass es eigentlich nicht der Planet ist, der fragil ist. Sondern seine Bewohner. Und dass die Apokalypse, vor der wir uns in Mitteleuropa fürchten, für viele Menschen in anderen Teilen der Welt schon längst begonnen hat.

Manchmal ist es beim Blättern durch **Zerbrechlicher Planet** kaum auszuhalten. Wenn man das Erhabene bewundert und gleich darauf die Zerstörung entdeckt. Wenn man sieht, wie ausladende Seen zu Pfützen geschrumpft sind, wie sterbende Gletscher Narben in der Landschaft hinterlassen. Dabei ist es nicht so, dass Hoffnung keinen Platz hat auf diesen Seiten. Es gibt sie, und sie ist dankenswerterweise nicht zu dick aufgetragen, sodass man begreift und es fühlt: wie ernst die Lage ist.

Mit dieser Erkenntnis wären wir in der Diskussion schon einmal ein großes Stück weiter. Wir würden dann nicht nur von der Klimakrise wissen, sondern sie sogar glauben.

Und dann? Na, endlich anfangen ernsthaft zu handeln.

Fritz Habekuß
Autor und Wissenschaftsjournalist

TROPISCHE WIRBELSTÜRME

Heftige Stürme von zerstörerischer Kraft, ausgelöst durch intensive Tiefdrucksysteme über den tropischen Ozeanen – auch als Zyklone, Hurrikane oder Taifune bekannt.

Sturm in der Karibik

PHILIPPINEN 2009

Jedes Jahr werden die Philippinen im Durchschnitt von 20 Taifunen heimgesucht. Im September 2009 sorgte der Taifun Ketsana in Manila innerhalb von sechs Stunden für Windgeschwindigkeiten von 144 km/h und mehr Niederschläge als in einem Monat. In einigen Stadtgebieten von Manila und Marikina standen die Häuser bis zum zweiten Stockwerk unter Wasser und die Bewohner mussten sich auf ihre Dächer flüchten. Millionen von Menschen waren betroffen, Hunderte starben.

2018

Der Taifun Yagi, der im August 2018 auf die Philippinen traf, war der elfte Wirbelsturm dieses Jahres. Die zwei Großstädte Manila und Marikina auf der Insel Luzon traf es besonders hart, nachdem am 11. August 2018 der Marikina River über die Ufer getreten war. Über 50 000 Menschen mussten aus ihren Häusern evakuiert werden. Zahllose Straßen waren unpassierbar, der Zugverkehr wurde eingestellt.

BANGLADESCH 2019

Mit Windgeschwindigkeiten von 120 km/h und sintflutartigen Regenfällen richtete der Zyklon Bulbul massive Schäden an, Flughäfen und Häfen in Bangladesch und Indien mussten schließen.

41 Menschen starben und über zwei Millionen Menschen waren gezwungen, ihre Häuser über Nacht zu verlassen, um in sturmsicheren Notunterkünften vor dem Zyklon Schutz zu suchen.

JAPAN 2019

Im Oktober 2019 erlebte Japan mit dem Taifun Hagibis einen der stärksten Wirbelstürme seit Jahrzehnten. Bei Windgeschwindigkeiten von bis zu 225 km/h traten landesweit zahlreiche Flüsse über die Ufer und überfluteten viele Gemeinden. Am 12. Oktober traf der Taifun Hagibis auf der Izu-Halbinsel auf Land und unterbrach für rund eine halbe Million Haushalte die Stromversorgung.

In der Stadt Hakone nahe des Berges Fuji fielen am 11. und 12. Oktober über ein Meter Regen pro Quadratmeter – die höchste Niederschlagsmenge, die je in Japan binnen 48 Stunden gemessen wurde. Etwa 70 Menschen kamen durch den Taifun Hagibis ums Leben, meist infolge von Erdrutschen. Andere wurden von den steigenden Fluten in ihren Autos eingeschlossen.

EVERGLADES, FLORIDA, USA 2017

Der Hurrikan Irma im Jahr 2017 war ein Sturm der Kategorie 5, ausgelöst durch ein tropisches Tiefdruckgebiet auf den Kapverdischen Inseln. Das erste Bild zeigt das Ökosystem der Mangrovenwälder auf dem Gebiet der Ten Thousand Islands im September 2017, vor der Zerstörung durch Irma und den anschließenden Hurrikan Maria. Auf dem zweiten Bild sind die Folgen der Hurrikane zu sehen. Kann sich der Lebensraum der Mangroven nach solcher Zerstörung nicht erholen, steigt das Risiko von Sturmfluten und eindringendem Salzwasser, was die Ökosysteme umso mehr bedroht.

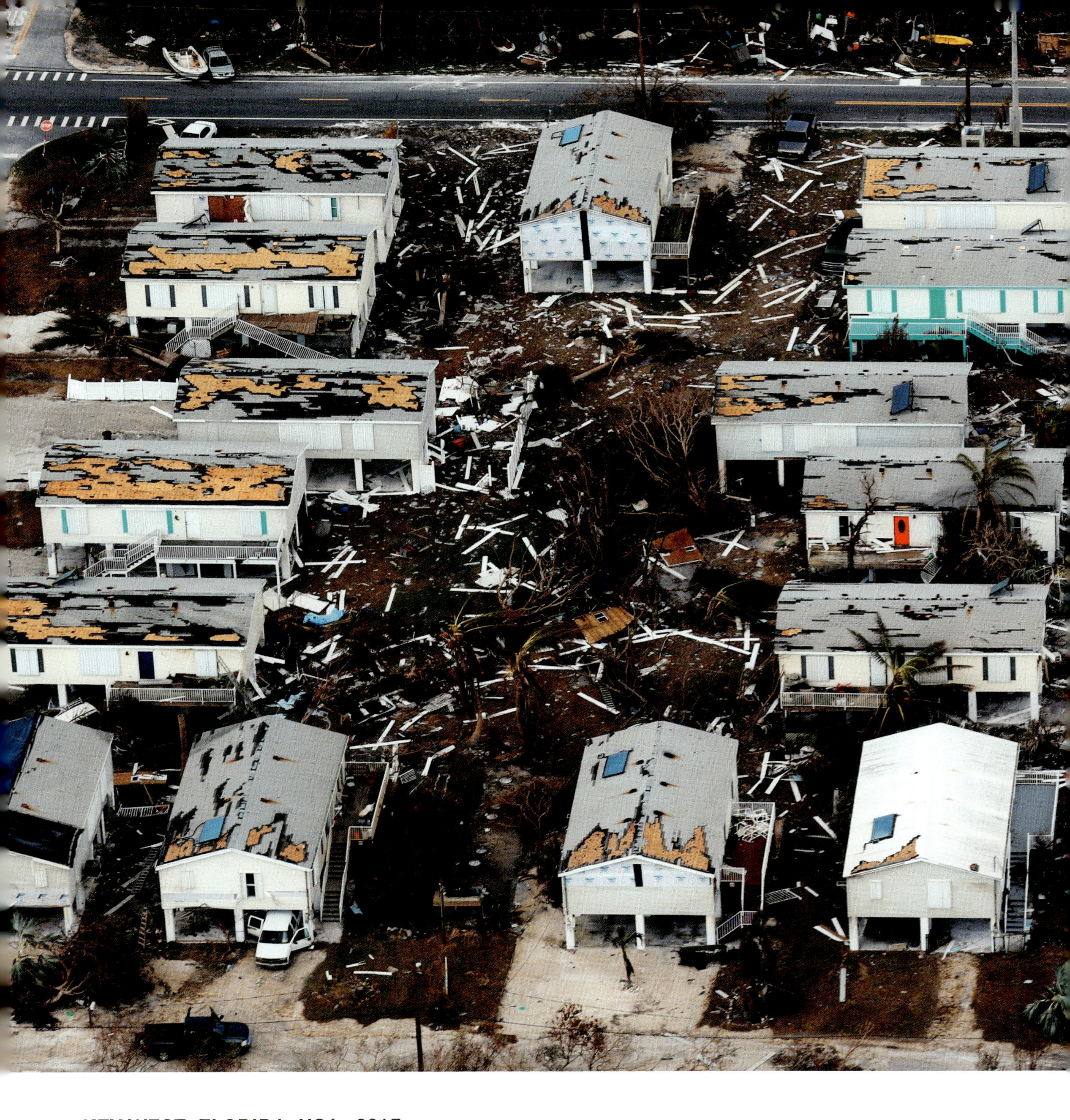

KEY WEST, FLORIDA, USA 2017

Auch in der Inselstadt Key West, rund 160 km südlich der Everglades gelegen, richtete der Hurrikan Irma schwere Verwüstungen an, riss Dächer von den Gebäuden und zerstörte zahllose Häuser. Die wirtschaftlichen Schäden für die USA und die betroffenen Karibikinseln wurden auf über 75 Milliarden Dollar beziffert, mehr als 130 Menschen starben durch den Hurrikan Irma.

ARECIBO, PUERTO RICO 2017

Hurrikan Maria fegte als schwerer Sturm der Kategorie 5 im September 2017 über Puerto Rico, Dominica und St. Croix hinweg und verwüstete zahllose Orte in der Karibik. Dieses Foto entstand im Rahmen einer Studie über das Nachwachsen von Tropenwäldern auf aufgegebenen Agrarflächen, bevor der Hurrikan Maria auf Puerto Rico traf.

2018

Dieses Bild wurde aufgenommen, nachdem Hurrikan Maria durch Puerto Rico gezogen war. Als die Wissenschaftler die Waldschäden vor Ort in Augenschein nahmen, berichteten sie: „Das dichte, ineinander verwobene Blätterdach, das zuvor die Insel bedeckt hatte, ist zu einem Gewirr umgestürzter Bäume geworden, mit einigen astlosen, vereinzelt emporragenden Überlebenden."

RUB AL-KHALI, ARABISCHE HALBINSEL 2017

Die Rub al-Khali bedeckt den Großteil des südlichen Drittels der Arabischen Halbinsel. Mit einer Fläche von etwa 650 000 km^2 handelt es sich bei der Rub al-Khali um die größte zusammenhängende Sandwüste der Erde und einen der trockensten Orte der Erde. In dieser Wüste fällt kaum Niederschlag.

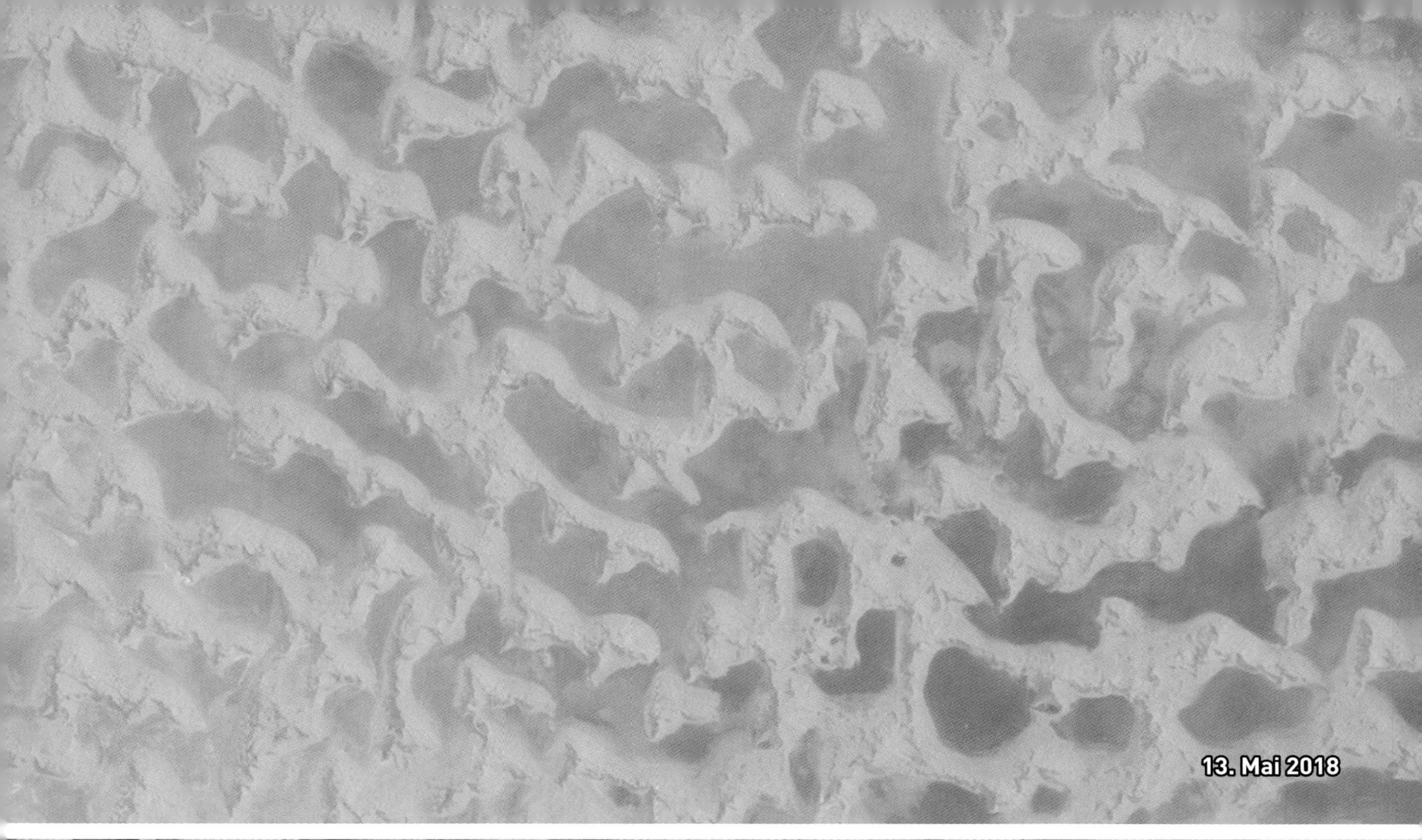

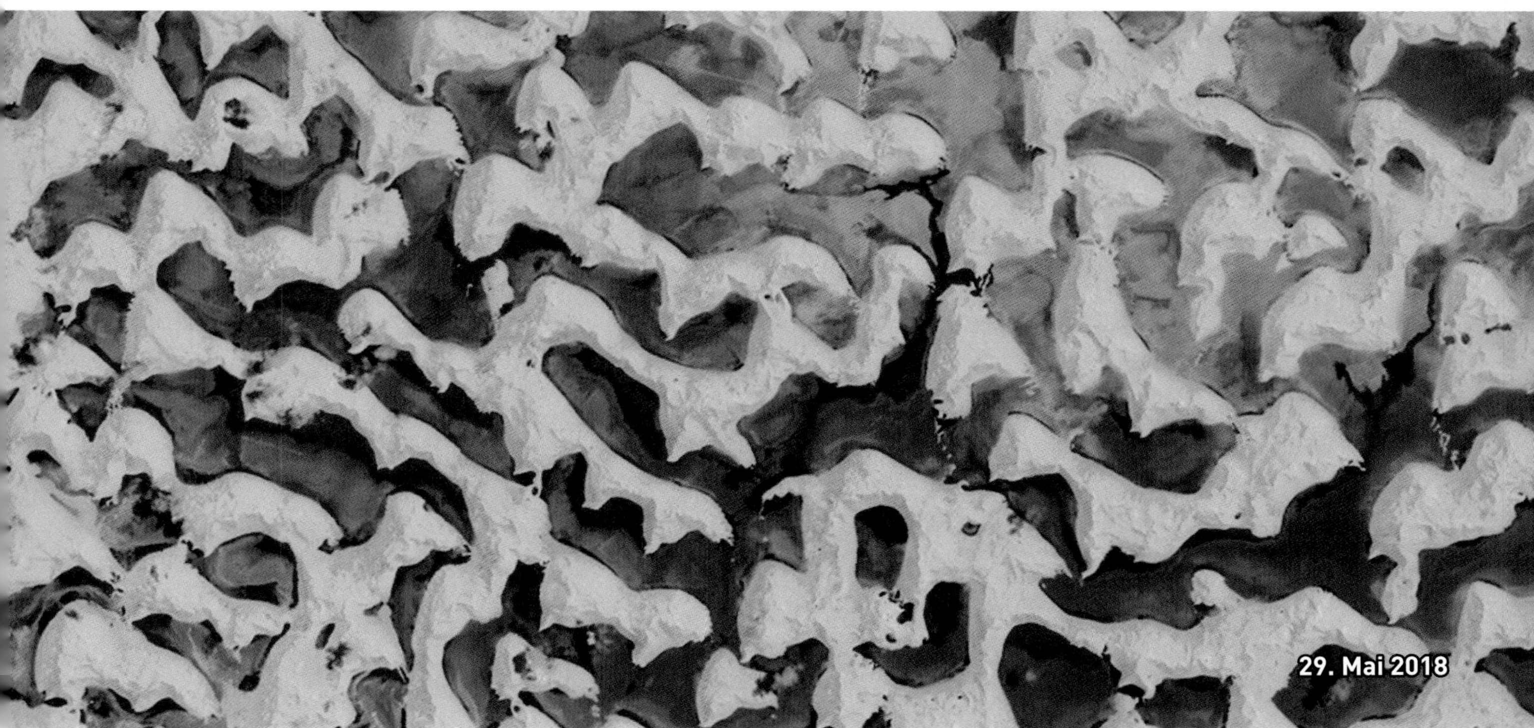

2018

Als der tropische Zyklon Mekunu im Jahr 2018 über die Region hinwegraste, sammelte sich in dessen Folge das Regenwasser zwischen den Sanddünen – zum ersten Mal seit 20 Jahren.

Das erste Foto ist vom 13. Mai 2018 und zeigt die Wüste im üblichen Zustand. Auf dem zweiten Foto, zwei Wochen später aufgenommen, sieht man die nach dem Sturm gebildeten Regenwasserseen.

TORNADOS

Heftige Sturmwinde mit kräftigen, eng zirkulierenden Luftwirbeln, die schlanke, trichterförmige Wolkenrüssel bilden, in deren Inneren ein extrem geringer Luftdruck herrscht.

Tornado in Colorado, USA

JOPLIN, MISSOURI, USA 2011

Am 22. Mai 2011 peitschte ein Tornado durch die Stadt Joplin im US-Bundestaat Missouri, der auf seinem Weg praktisch alles verwüstete.

Ein Superzellengewitter war der Auslöser für diesen Tornado der höchsten Kategorie EF-5, d. h. seine Windgeschwindigkeit betrug über 320 km/h.

Dieser Tornado gilt als der tödlichste seit Beginn der Aufzeichnungen in den USA im Jahr 1950 und wird gleichzeitig als einer der tödlichsten Tornados in der Geschichte Amerikas eingestuft. Über 1 000 Menschen wurden verletzt, 158 Menschen starben.

BEARDEN, ARKANSAS, USA 2014

Ende April 2014 suchte ein riesiger Tornado Teile des US-Bundesstaates Arkansas heim. Gewittrige Superzellen, wie oben abgebildet, sind typische Vorboten von Tornados. Diese Superzelle vom 24. April 2014 warnte vor der bevorstehenden Katastrophe: Mehr als 80 Tornados in zehn Bundesstaaten wurden zwischen dem 27. und 30. April 2014 beobachtet.

VILONIA, ARKANSAS, USA 2014

Der Tornado, der Vilonia in Arkansas am 27. April 2014 mit voller Wucht traf, zerstörte die Stadt fast vollständig und kostete mindestens 15 Menschen das Leben. Vilonia war nicht wiederzuerkennen und viele Wahrzeichen wurden zerstört. Einige der Häuser waren nach einem verheerenden Tornado im Jahr 2011 gerade erst wieder aufgebaut worden.

WASHINGTON, ILLINOIS, USA 2013

Mitte November 2013 wurden komplette Wohnsiedlungen, wie die hier abgebildete in Illinois, von einem Tornado verwüstet, der quer über die Bundesstaaten des Mittleren Westens fegte.

Die Bewohner suchten Schutz in ihren Kellern. Viele berichteten, dass sie die umliegenden Straßen nicht wiedererkannten, als sie nach dem Durchzug des Tornados aus ihren Häusern traten.

CÔTE D'AZUR, FRANKREICH 2011

Diese Wasserhose wurde im Mittelmeer unmittelbar vor der Côte d'Azur in Frankreich gesichtet. Wasserhosen entstehen durch rotierende Luftwirbel, die trichterförmig aus einer Wolke austreten. Wie ein Rüssel recken sich die Luftwirbel zur Meeresoberfläche hinab, bis sie beim Kontakt eine Wasserhose bilden.

Hätte sich dieses Phänomen über dem Festland ereignet, wäre daraus vermutlich ein Tornado von zerstörerischer Kraft entstanden. Oft bringt eine Gewitterlage, während sie über Land zieht, eine ganze Reihe von Tornados hervor, die über weite Strecken Schäden anrichten.

SANDSTÜRME

Stürmische Winde, häufig in Trockengebieten, verwirbeln Sand- und Staubpartikel hinauf in die Atmosphäre und verursachen schlechte Sicht und den Verlust von Ackerland.

Sandsturm über Khartum, Sudan

PEKING, CHINA 2010

Im Frühling tragen die kräftigen Winde aus der Wüste Gobi häufig große Mengen an Sandstaub ostwärts in Richtung Peking und weiter zur Koreanischen Halbinsel, sogar bis nach Japan.

An solchen Tagen färbt der Staub in der Atmosphäre den Himmel über Peking gelb und schränkt die Sicht stark ein. Den Bewohnern wird geraten, in ihren Häusern zu bleiben oder Masken zu tragen, damit sie die Staubpartikel nicht einatmen.

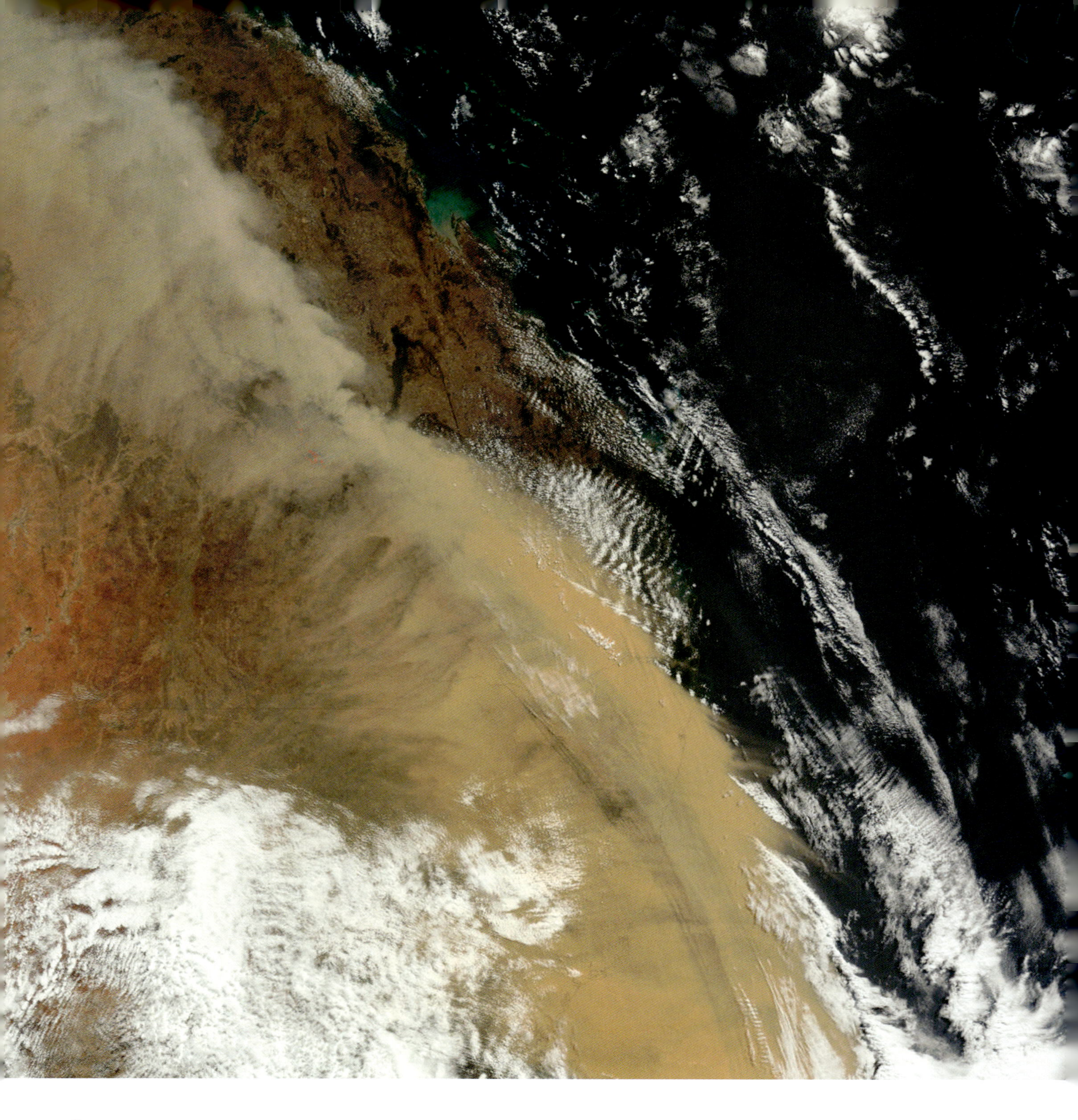

ÖSTLICHES AUSTRALIEN 2009

Im September 2009 waren die australischen Bundesstaaten New South Wales und Queensland komplett in Staub eingehüllt, nachdem sie den schlimmsten Sandsturm seit den 1940er-Jahren erlebt hatten. Die über 500 km breite und 1 000 km lange Staubwolke war sogar vom Weltraum aus sichtbar. Verursacht wurde dieser Sandsturm laut Angaben des meteorologischen Instituts durch ein „intensives Tiefdruckgebiet im Norden, das eine Menge Staub aus dem sehr trockenen Inneren des Kontinents aufnahm". Die Windgeschwindigkeit steigerte sich auf über 100 km/h.

Auf dem Höhepunkt des Sandsturms betrug die Partikelkonzentration in der Luft 15 400 mg/m³. Zum Vergleich: An normalen Tagen werden etwa 20 mg/m³ registriert, Buschfeuer können 500 mg/m³ erzeugen. Schätzungsweise wurden 15,7 Millionen Tonnen Staub von Australiens Wüsten aufgewirbelt. Davon gingen, als der Sandsturm am heftigsten wütete, rund 74 000 Tonnen Staub pro Stunde vor der Küste von New South Wales verloren.

ARIZONA, USA 2018

Am 9. Juli 2018 wälzte sich eine riesige Staubwolke durch den Süden von Arizona. Habub wird ein solcher Staubsturm genannt, der entsteht, wenn eine große Gewitterwolke in sich zusammenfällt. Der Habub sorgte auf den Straßen des Bundesstaates für äußerst schlechte Sicht.

Mit dem Sturm ging die gefährliche Kombination aus Starkwind, Staubwänden, Donner, Blitz, Starkregen und Hagel einher. Habubs sind in der Gegend häufig. Dieser war allerdings besonders heftig und wurde sogar mit Staubstürmen verglichen, die auf dem Planeten Mars wüten.

GARDEN CITY, KANSAS, USA 1935

Staubstürme sind keineswegs ein neues Phänomen. Die Region der Great Plains in Nordamerika war in den 1930er-Jahren für ihre häufigen Staubstürme berüchtigt und erhielt den Namen „Dust Bowl" („Staubschüssel").

Wegen schlechter Anbautechniken und Trockenheit erodierten die Böden und der Staub wurde weit nach Osten bis zum Atlantischen Ozean geweht.

Die zwei Fotos entstanden 1935 in Kansas, der als einer von vielen Bundesstaaten während der Dust-Bowl-Ära unter den Staubstürmen litt. Auf den Bildern, die im Abstand von 15 Minuten aufgenommen wurden, lassen nur die Straßenlaternen erkennen, dass es sich um ein und dieselbe Szene handelt. Erst mit der staatlichen Förderung von Programmen zum Schutz des Mutterbodens erholte sich die Region langsam wieder.

SCHNEE

Flockenförmiger Niederschlag, der sich aus Eiskristallen in den Wolken bildet und die Erde bei Temperaturen unter dem Gefrierpunkt erreicht.

Lawine auf dem Lhotse im Himalaja

ALPEN, EUROPA 2018

Dieses Bild wurde am 29. Januar 2018 aufgenommen, nachdem es in den Alpen seit Anfang Dezember 2017 stark geschneit hatte und viele Skigebiete unter einer dicken Schneedecke begraben waren. Zur selben Zeit herrschten allerdings in anderen Teilen Westeuropas rekordverdächtig warme Temperaturen mit außergewöhnlich viel Regen und starkem Wind.

Im schweizerischen Zermatt, oben im Bild, fielen innerhalb von 36 Stunden rund 2 m Schnee. Andere Skigebiete, beispielsweise Tignes in Frankreich, meldeten über 5 m Schnee innerhalb einer Woche. In manchen Skigebieten maß die Schneedecke 5 m und vielerorts lag mindestens 1 oder 2 m mehr Schnee als in den Jahren zuvor.

AÏN SÉFRA, ALGERIEN 2016

Auf dem Bild oben ist die Region unweit der marokkanisch-algerischen Grenze zu sehen, südlich der Stadt Bouarfa und südwestlich von Aïn Séfra. Die zwischen dem Atlasgebirge und dem Nordrand der Sahara in Algerien gelegene Sahara-Stadt Aïn Séfra ist auch als das Tor zur Wüste bekannt, Schnee ist hier äußerst ungewöhnlich.

2018

In der Sahara schneit es in der Tat sehr selten. Nachdem der letzte Schneefall im Jahr 1979 verzeichnet wurde, fiel erst im Dezember 2016 wieder Schnee (Bild links). Nur etwas mehr als ein Jahr danach war Aïn Séfra allerdings sogar gleich zweimal von Schnee bedeckt (Bild rechts) – im Januar und im Februar 2018.

SÜDLICHES KALIFORNIEN, USA 2019

Im Dezember 2019 suchte ein Wintersturm den Süden Kaliforniens heim und brachte Starkregen, Schnee und einen Tornado mit sich. Das Skigebiet Mountain High im Los Angeles County versank ironischerweise unter einer Schneedecke von rund 1 m und musste sogar vorübergehend schließen. Die Stadt Big Bear Lake in den San Bernardino Mountains brach mit 45 cm Neuschnee beinahe den bisherigen Rekord.

JOSHUA-TREE-NATIONALPARK, KALIFORNIEN, USA 2019

Als es im Dezember 2019 im Joshua-Tree-Nationalpark schneite, sprach man von den größten Schneemengen seit 2010. In dieser Wüstenlandschaft sind Temperaturen unter dem Gefrierpunkt nichts Ungewöhnliches, wohl aber Niederschläge. Es war ein wahrlich seltener Anblick, Kakteen und stachelige Yucca-Gewächse wie die Joshua-Palmlilien schneebedeckt zu sehen.

ARU-GEBIRGE, TIBET (CHINA) 2016

Im Juli 2016 kam es im Aru-Gebirge zum Kollaps eines Gletschers. Dieses Satellitenbild zeigt das Gebiet, bevor der Gletscher abgerutscht ist. Zum Vergleich ist auf dem Bild rechts der Moment zu sehen, wie der Gletscher abrutscht und als gigantische Lawine ins Tal hinabdonnert.

Es war eine der größten Eislawinen, die jemals dokumentiert wurde. Sie verwüstete alles, was ihr im Weg lag, und hinterließ auf einer Fläche von 10 km^2 bis zu 30 m dickes Geröll. Neun Dorfbewohner aus Dungru sowie Hunderte Schafe und Yaks verloren ihr Leben.

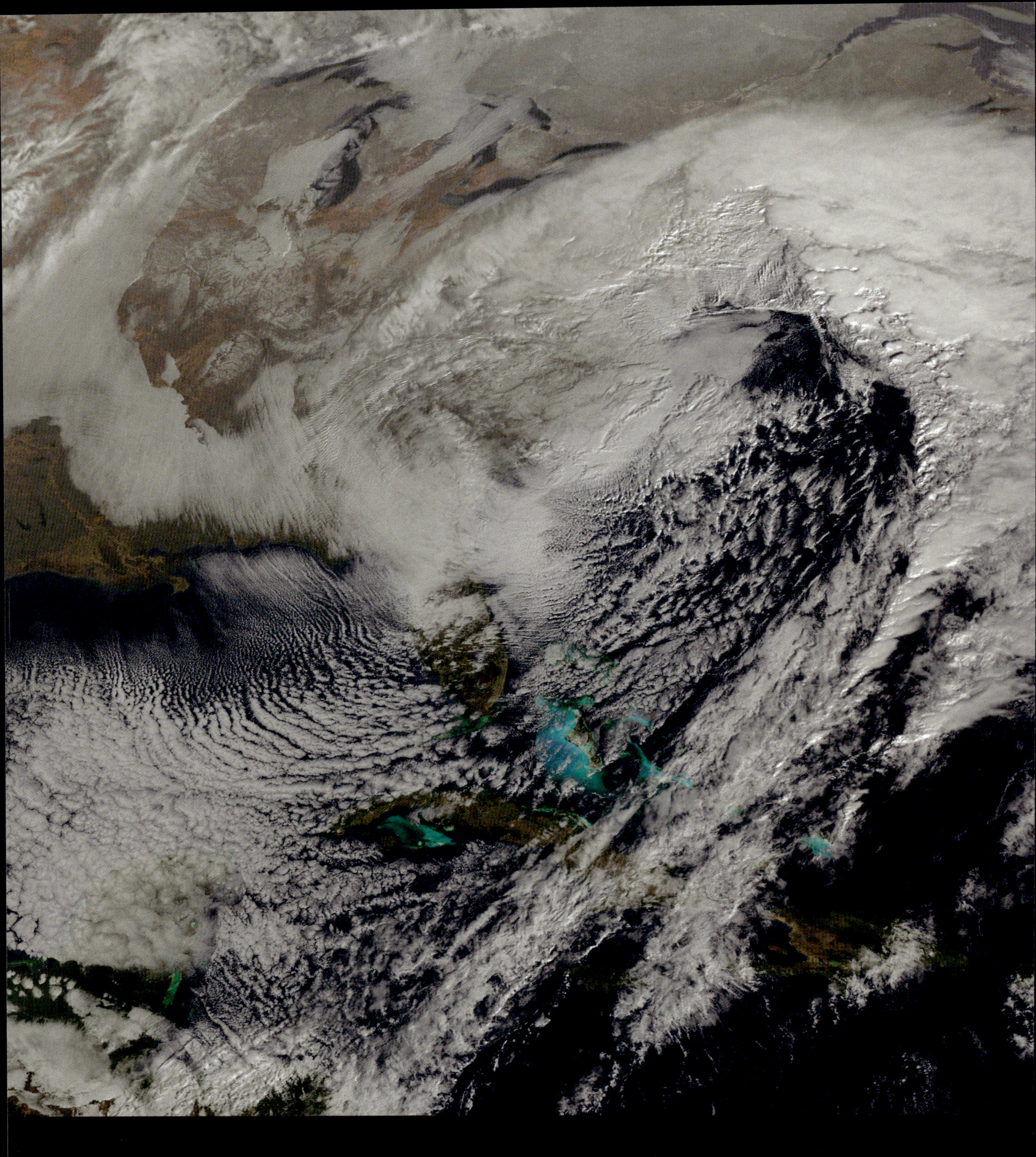

NEW YORK, USA 2016

Am 23. Januar 2016 wurde die Ostküste der USA von einem der schlimmsten Blizzards seit Jahren heimgesucht. In New York City fiel die größte Menge Neuschnee seit Beginn der Aufzeichnungen im Jahr 1869, mit einer Schneedecke im Central Park von 69,85 cm.

In einigen Bundesstaaten, wie in West Virginia brachte der Schneesturm über 107 cm Schnee. In vielen Haushalten fiel der Strom aus, 12 000 Flüge wurden gestrichen und im Straßenverkehr Fahrverbote verhängt. Ungefähr 50 Menschen kamen ums Leben.

BRITISCHE INSELN 2018

Eine enorme Kältewelle, die auch als „Beast from the East" bekannt wurde, sorgte auf den gesamten Britischen Inseln im März 2018 im Zusammenspiel mit dem Sturmtief Emma für weitreichende Störungen. Der oben abgebildete „Chariot of Life"-Brunnen in der Abbey Street in Dublin, Irland, war von Schnee und Eiszapfen bedeckt.

Heftige Schneefälle, Windböen, Schneeverwehungen und Extremtemperaturen kennzeichneten den Kälteeinbruch. Mancherorts fielen um die 50 cm Schnee und behinderten das Reisen und das tägliche Leben, Autofahrer steckten auf den Straßen fest. In ländlichen Gegenden, wie in Lancashire, England (Bild oben), wurden bis zu 6 m hohe Schneeverwehungen gemessen.

SCHWINDENDE GLETSCHER

Große Eismassen, die langsam talwärts fließen und die in ihrer Ausdehnung und Bewegungsgeschwindigkeit von dem Klimawandel beeinflusst werden.

Perito-Moreno-Gletscher in Patagonien, Argentinien

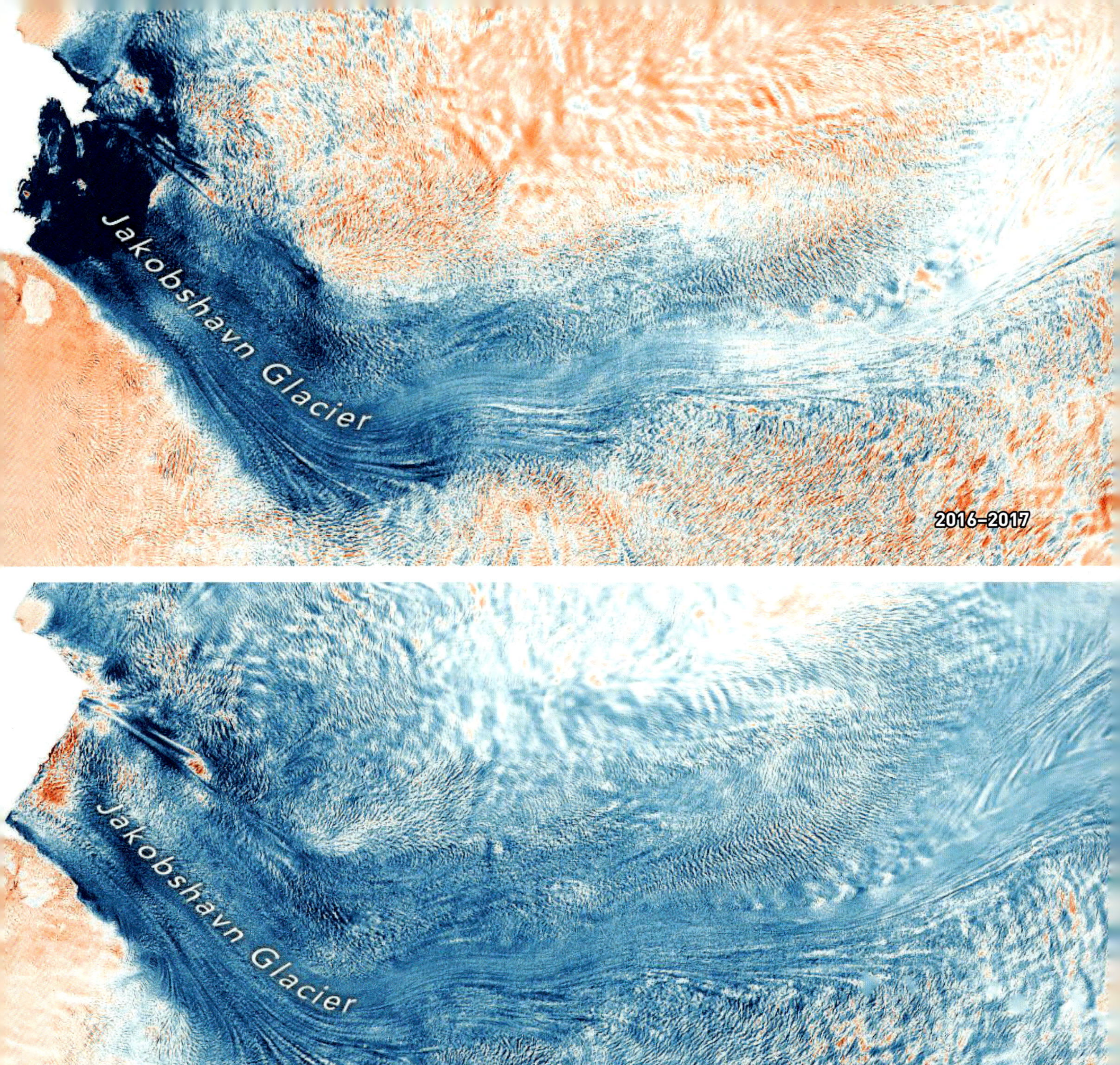

JAKOBSHAVN-GLETSCHER, GRÖNLAND 2016–2017, 2018–2019

Bis vor Kurzem galt der Jakobshavn-Gletscher als der sich am schnellsten bewegende und am stärksten schrumpfende Gletscher Grönlands des 21. Jahrhunderts. Ab 2016 jedoch begann der Gletscher tatsächlich wieder zu wachsen.

Die Bereiche mit dem größten Wachstum sind auf dem Bild dunkelblau dargestellt, die roten Bereiche zeigen die ausgedünnten Stellen. Zwischen 2016 und 2019 wuchs der Gletscher jährlich zwischen 20 m und 30 m an.

Das Anwachsen des Gletschers, das auf den ersten Blick positiv scheint, ist jedoch auf eine nur vorübergehend kühlere Meeresströmung zurückzuführen. Das als Nordatlantische Oszillation bekannte Wetterphänomen bewirkt, dass der Ozean regelmäßig abkühlt und sich wieder aufheizt. Langfristig wird der Jakobshavn-Gletscher, wenn auch langsamer, wieder weiter schrumpfen und zum Anstieg des Meeresspiegels beitragen.

GRINNELL-GLETSCHER, MONTANA, USA 1936, 2010

Diese beiden Aufnahmen zeigen den Grinnell-Gletscher im Glacier-Nationalpark in Montana, USA, in den Jahren 1936 und 2010. Auf dem unteren Bild erkennt man deutlich, wie stark sich das Eisvolumen 2010 verringert hat. Gut zu erkennen ist die Gletscherzunge am Bergsee Upper Grinnell Lake, der im Jahr 1936 noch gar nicht existierte. Wissenschaftler verfolgen den Rückzug der Gletscher und prognostizieren für den Glacier-Nationalpark, dass dort bis 2080 alle Gletscher geschmolzen sein werden, viele bereits bis zum Jahr 2030.

BLACKFOOT-JACKSON BASIN, MONTANA, USA 1984, 2015

Auch diese Satellitenbilder zeigen den Glacier-Nationalpark im Abstand von 31 Jahren. 1850 gab es dort etwa 150 Gletscher, im Jahr 1966 waren nur noch 35 aktiv. Heute geht man von nur noch 26 Gletschern aus. Die blauen Stellen auf den Bildern weisen auf den Rückgang von ewigem Eis und Schnee hin. Das Bild von 2015 zeigt zudem rote Brandnarben, die von Waldbränden nach trockenen Hitzeperioden verursacht wurden. Die Fläche der Gletscher Blackfoot und Jackson betrugen 2015 lediglich noch etwa 2,26 km², verglichen zu 8,06 km² im Jahr 1850.

BRIKSDALBREEN, VESTLAND, NORWEGEN 2002

Der Gletscher Briksdalsbreen im norwegischen Jostedalsbreen-Nationalpark ist ein Nebenarm des mächtigen Jostedalsbreen-Gletschers. Er endet in einem Schmelzwassersee, dem ca. 346 m über dem Meeresspiegel gelegenen Briksdalsvatn. Viele norwegische Gletscher reagieren sehr empfindlich auf die globale Erwärmung.

2011

Der Briksdalsbreen zog sich zwischen 1934 und 1951 zunächst um insgesamt 800 m zurück, wodurch der darunterliegende See zum Vorschein kam. Anschließend dehnte er sich wieder aus, was in einer Zeit, in der sich die meisten anderen Gletscher zurückzogen, große Aufmerksamkeit erregte. Seit 2000 ist der Briksdalsbreen jedoch wieder am Zurückweichen und seit 2007 befindet sich die Gletscherfront nicht mehr im Gletschersee, sondern sitzt buchstäblich auf dem Trockenen.

OKJÖKULL, ISLAND 1986

Der Gletscher Okjökull im Westen Islands, auf dem Gipfel des Vulkans Ok, schmolz seit Beginn des 20. Jahrhunderts immer weiter ab. Während die den Vulkan bedeckende Gletscherfläche 1901 auf rund 38 km^2 geschätzt wurde, hatte sich der Okjökull im Jahr 1978 bis auf etwa 3 km^2 zurückgezogen. Heute sind lediglich noch Eisreste von weniger als 1 km^2 sichtbar.

2019

Im Jahr 2014 war der Gletscher nicht mehr dick genug, um sich vorwärts zu schieben, und wurde offiziell für tot erklärt. Es war der erste Gletscher in Island, der seinen Gletscherstatus verlor. Auf dem Gipfel des Vulkans wurde eine Gedenktafel für den Okjökull angebracht. Wissenschaftler sagen voraus, dass innerhalb der nächsten 200 Jahre alle Gletscher Islands verschwunden sein werden.

TASMAN-GLETSCHER, NEUSEELAND 1990

Der Tasman-Gletscher im Mount-Cook-Nationalpark, der mächtigste Gletscher in Neuseeland, ist ca. 23 km lang und 4 km breit, seine Dicke beträgt rund 600 m. Das obige Satellitenbild, ein sogenanntes Falschfarbenbild, zeigt den Gletscher im Jahr 1990. Die Aufnahme auf der rechten Seite stammt von derselben Stelle, ist jedoch 27 Jahre später entstanden. Auf beiden Bildern sind Schnee und Eis in Weiß und Wasser in Blau dargestellt.

2017

Wenn man die zwei Bilder genauer betrachtet, sticht das Zurückweichen des Gletschers ins Auge. Die Entstehung und Vergrößerung des Tasman Lake, den es in dieser Gletscherlandschaft vor 1973 noch nicht gab, ist auf das Abschmelzen des gleichnamigen Gletschers zurückzuführen. Experten schätzen, dass er sich in der Zeit zwischen den beiden Aufnahmen jedes Jahr um etwa 180 m zurückzog. Der Rückzug im Zeitraum 1990 bis 2015 betrug insgesamt 4,5 km.

NEUMAYER-GLETSCHER, SÜDGEORGIEN 2005

Der Neumayer-Gletscher befindet sich an der Ostküste von Südgeorgien – einer Insel im Osten der Südspitze Südamerikas. Bis zum Jahr 1970 wurden keine dramatischen Veränderungen des Gletschers verzeichnet und sein Rückzug betrug weniger als 100 m.

2016

Ab 1970 allerdings beschleunigte sich der Rückgang der Gletschermasse drastisch. So verlor der Gletscher zwischen 1970 und 2002 etwa 2 km an Länge und in der kurzen Spanne von 2000 bis 2016 (Bild oben) zog er sich sogar insgesamt 4 km weit zurück.

WAWILOW-EISKAPPE, RUSSLAND 2013

Die Wawilow-Eiskappe in der russischen Arktis rutschte mit einer Geschwindigkeit von täglich etwa 5 cm in die Karasee, bis im Jahr 2010 das Tempo plötzlich zunahm. 2015 bewegte sich der Gletscher an manchen Tagen sogar bis zu 25 m pro Tag fort. So rückte er in den zwölf Monaten zwischen April 2015 und April 2016 um insgesamt mehr als 5 km vorwärts.

2018

Das alarmierende Tempo, mit dem die Wawilow-Eiskappe vorrückt, beunruhigt die Wissenschaftler, denn es beschleunigt auch den Anstieg des Meeresspiegels. Diese dramatische Entwicklung bietet Anlass zur genaueren Untersuchung anderer Gletscher, um mehr über deren etwaige Instabilität und Auswirkungen auf den bereits ansteigenden Meeresspiegel zu erfahren.

HPS-12, GLETSCHER IN SÜDPATAGONIEN 1985

Das Südpatagonische Eisfeld (Campo de Hielo Sur), das sich über Chile und Argentinien erstreckt, ist mit einer Fläche von etwa 13 000 km² das größte Eisfeld der Südhalbkugel außerhalb der Antarktis. Die Gletscher dieses Eisfeldes haben sich im Laufe der Jahre zurückgezogen und einige sind in ihrer Existenz bedroht.

2017

Der oben abgebildete Gletscher namens HPS-12 erlebt gerade einen katastrophalen Schwund. 1985 maß der HPS-12 eine Länge von etwa 26 km, im Jahr 2017 nur noch 13 km. In den 33 Jahren, die zwischen den beiden Aufnahmen liegen, musste der Gletscher demnach rund die Hälfte seines Eisvolumens einbüßen und trennte sich gleichzeitig von drei anderen Gletschern.

SKAFTAFELLSJÖKULL, VATNAJÖKULL-NATIONALPARK, ISLAND 2013

Der Skaftafellsjökull im isländischen Vatnajökull-Nationalpark ist eine Gletscherzunge. Sie geht aus der größten isländischen Eiskappe hervor, dem Gletscher Vatnajökull, der aktuell etwa 8 Prozent der Fläche Islands ausmacht. Leider hat die globale Erwärmung in den letzten Jahrzehnten zum rapiden Rückzug des Skaftafellsjökull geführt.

Zwischen 1995 und 2019 zog sich der Gletscher ca. 850 m zurück und wird bei diesem Tempo erwartungsgemäß jedes Jahr weitere 50 bis 100 m schrumpfen. Um den Gletscherschwund zu verlangsamen, wurden in dem Gebiet Bäume gepflanzt, die einen Teil des Kohlendioxids aus der Umgebung aufnehmen. Doch Experten zweifeln, ob dies ausreicht, um den Gletscher zu retten.

TRACY-GLETSCHER & HEILPRIN-GLETSCHER, GRÖNLAND 1987

Auf den Bildern sind die zwei Gletscher Tracy (im Bild oben) und Heilprin (im Bild unten) zu sehen. Seite an Seite fließen sie in den Inglefield Bredning, einen Fjord an der Nordwestküste Grönlands. Im Verlauf der 1980er- und 1990er-Jahre zogen sich beide Gletscher ähnlich schnell zurück, die Geschwindigkeit betrug durchschnittlich 37 m pro Jahr.

2017

Zwischen 2000 und 2014 jedoch steigerte der Tracy-Gletscher sein Rückzugstempo auf 364 m jährlich – mehr als dreimal so schnell wie der Heilprin-Gletscher mit 109 m Eis im Jahr. Experten vermuten die Ursache darin, dass Tracy in einen tieferen Kanal mündet, was diesen Gletscher für steigende Meerestemperaturen anfälliger macht und zum Abschmelzen der Gletscherunterseite führt.

SUDIRMAN-GEBIRGE, NEUGUINEA 1988

Das Sudirman-Gebirge in Neuguinea liegt unmittelbar südlich des Äquators. Nichtsdestotrotz war es in der Vergangenheit auf den höchsten Gipfeln der Bergkette kalt genug, dass dort die Gletscher erhalten blieben. Diese Situation ist jedoch heute im Wandel begriffen.

2017

Die Eismassen im Sudirman-Gebirge, die auf beiden Falschfarbenbildern in Blau dargestellt sind, gehen rapide zurück. Ein erheblicher Teil ist zwischen den Jahren 1988 und 2017 ganz verschwunden.

SCHMELZENDES EIS

Alte Schnee- und Eisflächen, die bei steigenden Temperaturen auftauen.

Schmelzender Qoroq-Eisfjord, Grönland

KOTZEBUE SOUND, ALASKA, USA 2010

In vielen Regionen der Nordhemisphäre, auch in Alaska, gibt es weite Areale mit Permafrost, d. h. die Böden sind in mindestens zwei aufeinanderfolgenden Jahren durchgehend gefroren. Auf dem Bild sind aufgetaute Permafrostkanten zu sehen, die in das Meer abzubrechen drohen.

ARCTIC NATIONAL WILDLIFE REFUGE, ALASKA, USA 2007

Wie auf dem Bild zu sehen, ist in diesem Naturschutzgebiet vor der arktischen Küste Alaskas ein gewaltiger Brocken Permafrostboden bereits ins Meer gestürzt. Die Kombination von tauendem Permafrost, steigendem Meeresspiegel und rauer See führt in der Küstenregion zu starker Erosion.

DAWSON CITY, YUKON, KANADA 2008

Viele Siedlungen auf der Nordhalbkugel sind auf Permafrostböden errichtet. Wenn der gefrorene Untergrund zu tauen beginnt, sacken manche Häuser und Straßen ab und stürzen schließlich komplett ein.

SPITZBERGEN (SVALBARD), NORWEGEN 2013

Die Gebäude auf diesen Bildern sind dem tauenden Permafrost zum Opfer gefallen. Das linke Foto zeigt Wohnhäuser in Dawson City, Kanada. Rechts ist ein altes Haus in Spitzbergen, Norwegen, zu sehen, das an dem auftauenden Permafrosthang langsam abwärts rutscht.

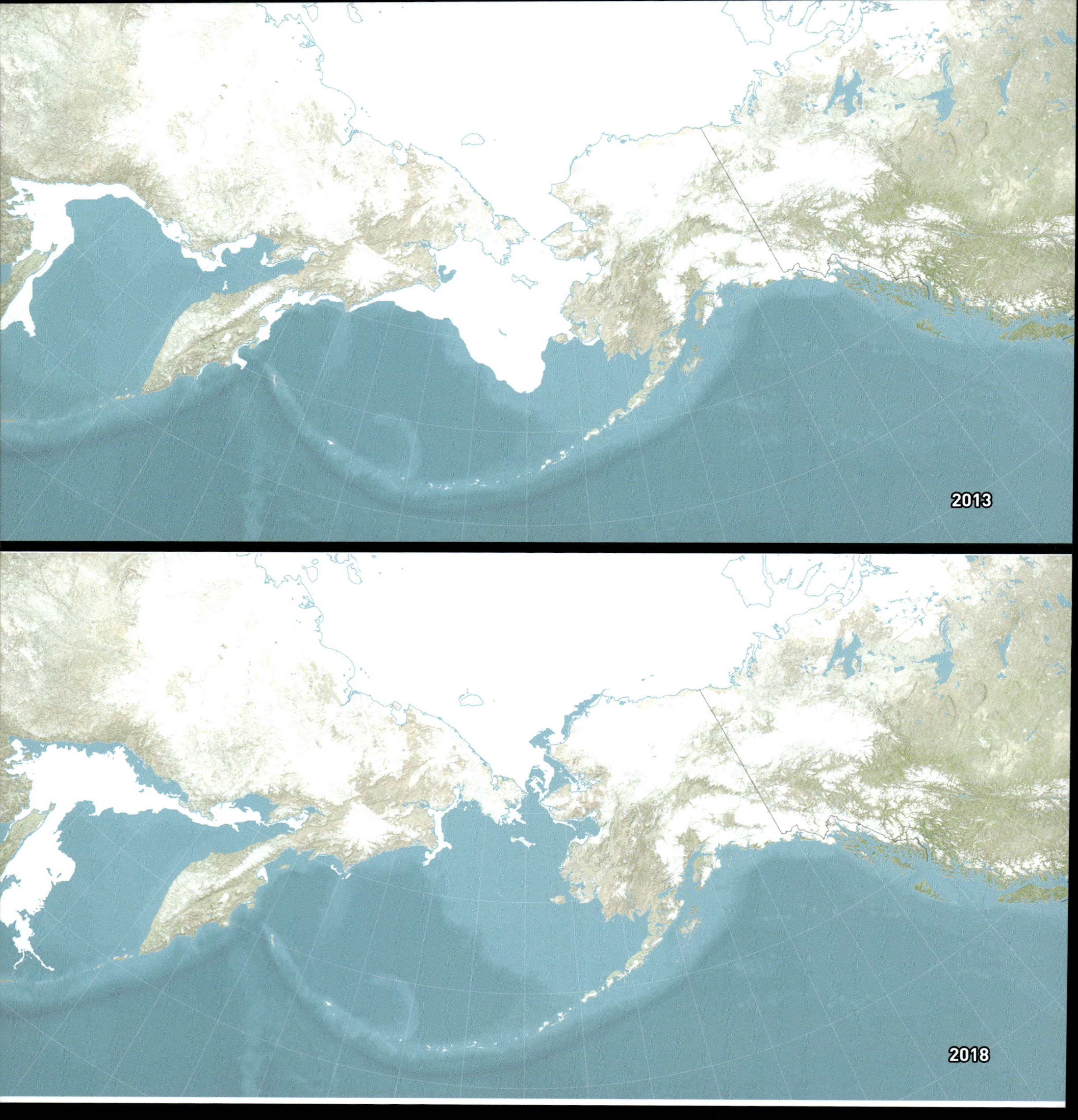

BERINGSEE 2013, 2018

Normalerweise ist die Beringsee Ende April von 679 606 km² Eis bedeckt, was in etwa der Fläche von Frankreich entspricht. Große Besorgnis rief aber der Winter 2017–2018 hervor, weil seit Beginn der schriftlichen Aufzeichnungen im Jahr 1850 das Eisvolumen noch nie so gering war. 2018 reduzierte sich zum ersten Mal das Wintereis auf rund 10 Prozent der normalen Menge.

2019

Ungewöhnlich früh brach 2019 das Eis vor Quinhagak in Alaska, USA, einem kleinen Dorf unweit der Stelle, wo der Fluss Kanektok in die Beringsee mündet. Der Temperaturanstieg in dieser Region bringt Hochwasser und Erosion der Permafrostböden mit sich, was für abgelegene Ortschaften wie Quinhagak zu einer ernsten Gefahr wird. Es wird zunehmend unwahrscheinlicher, dass die Bewohner langfristig in ihrem Heimatdorf bleiben können.

SPHINX, CAIRNGORMS, GROSSBRITANNIEN 2007

Das älteste und beständigste Firnfeld in Großbritannien trägt den Namen Sphinx und liegt in der schottischen Berggruppe Cairngorms in einem Bergkessel am Braeriach, dem dritthöchsten Gipfel Großbritanniens. Nur acht Mal soll dieser zähe Schneefleck in den letzten dreihundert Jahren geschmolzen sein. Dieses Bild des berühmten Firnfeldes stammt von 2007.

Im 20. Jahrhundert schmolz der Schneefleck zum ersten Mal 1933. Dass er 2017 und gleich 2018 wieder verschwand, deutet auf eine Häufung des Ereignisses in jüngster Zeit hin. Doch nicht nur die Sphinx reagiert anfällig auf den Klimawandel. Studien zufolge konnte 2019 ab dem Monat Mai in England und Wales kein einziger Schneefleck überleben, mit Ausnahme der Sphinx.

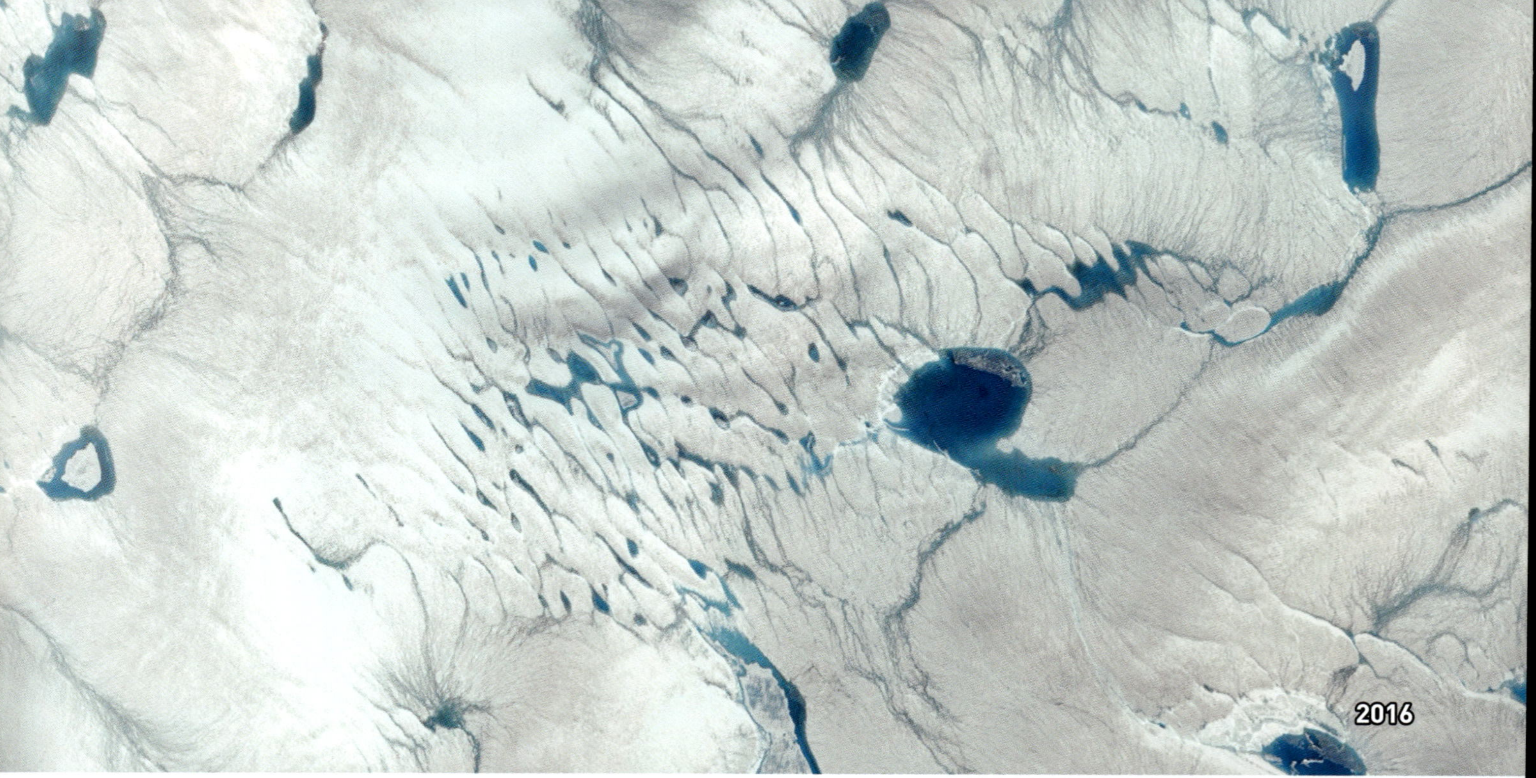

GRÖNLAND 2014, 2016

Jedes Jahr bilden sich auf dem Grönländischen Eisschild viele Seen, Flüsse und Bäche aus Schmelzwasser, wenn es im Frühjahr oder Frühsommer zu tauen beginnt. Im Jahr 2016 setzte die Schmelze jedoch ungewöhnlich früh ein. Beide Bilder wurden Mitte Juni aufgenommen. Auf dem unteren Bild von 2016 ist jedoch zu sehen, dass das Eis schon viel früher abzuschmelzen begann – ein Anzeichen dafür, dass unser Planet wärmer wird.

2011

Wenn die Schmelzsaison der Grönländischen Eisschilde beginnt, nimmt die Geschwindigkeit des Abschmelzens immer weiter zu. Dies liegt daran, dass die Schmelzwasserlachen die Eisoberfläche verdunkeln, weshalb diese mehr Sonnenlicht absorbiert, als wenn sie weiß ist. Diese Fülle an geschmolzenem Grönlandeis lässt den Meeresspiegel noch weiter ansteigen.

POLAREIS

Permanente und saisonale Eisschilde, Eiskappen und Meereis in den Polarregionen der Arktis und Antarkis.

Eisberge in der Antarktis

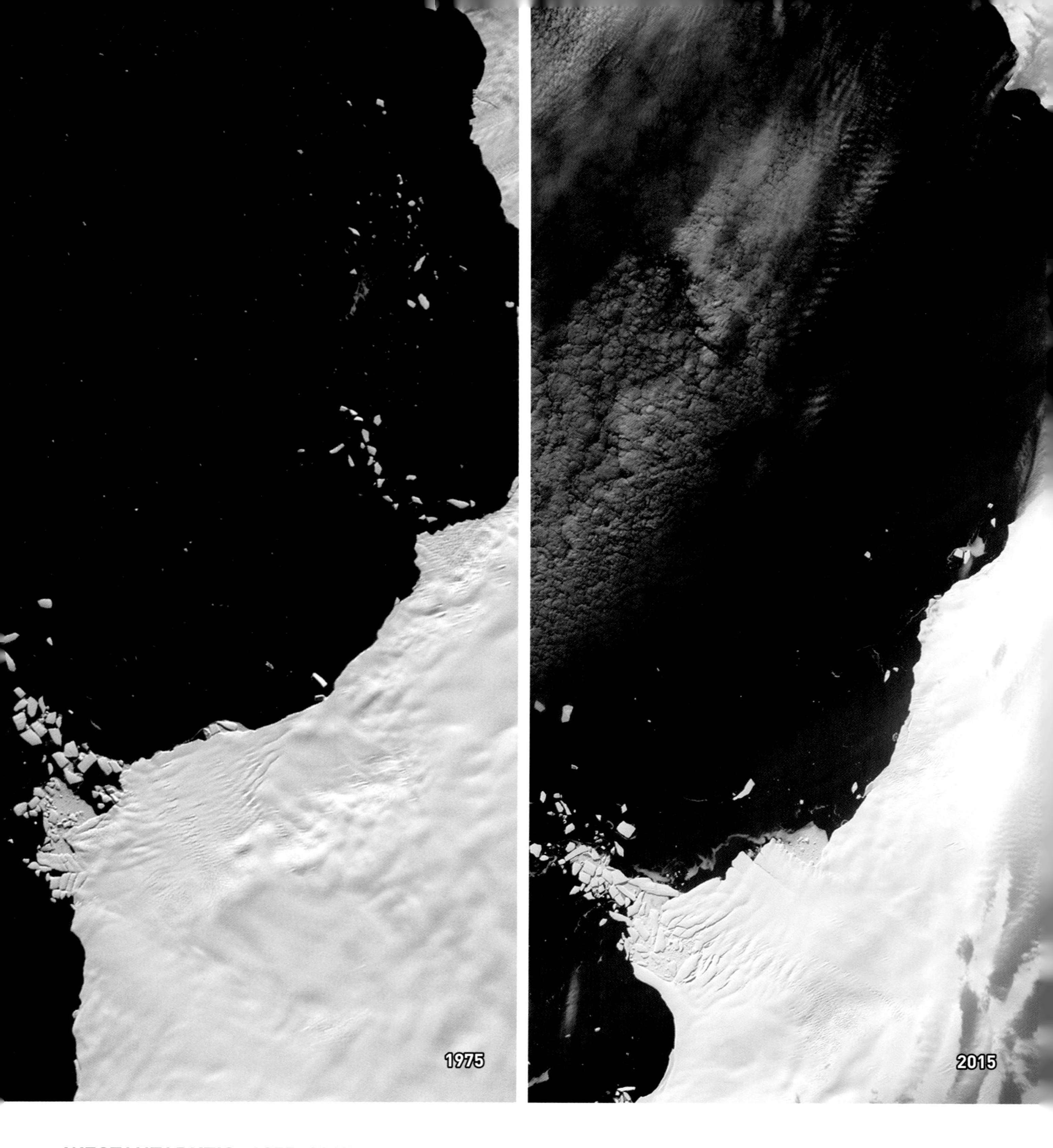

WESTANTARKTIS 1975, 2015

Die zwei Satellitenbilder oben zeigen den gleichen Küstenabschnitt im Abstand von vier Jahrzehnten. Ein Vergleich macht das Schrumpfen der Gletscher entlang der Bellingshausensee an der antarktischen Westküste seit etwa 40 Jahren deutlich. Ursache hierfür ist die Erwärmung der Ozeane, deren Wellen an die Unterseite der schwimmenden Eisdecke schlagen.

COLLINS-EISKAPPE, KING GEORGE ISLAND, ANTARKTIS 2016

Die Collins-Eiskappe, die auch unter dem Namen Bellingshausen Dome bekannt ist, liegt auf King George Island an der Küste in der Bellingshausensee. Infolge ansteigender Temperaturen brechen von dem kalbenden Gletscher regelmäßig Eisberge ins Meer ab, wie auf diesem Bild zu sehen ist, was zum Anstieg des Meeresspiegels beiträgt.

AMERY-SCHELFEIS, ANTARKTIS SEPTEMBER 2019

Dieses Satellitenbild zeigt das Amery-Schelfeis, bevor der Eisberg D-28 abbrach und ins Südpolarmeer hinaustrieb. Es ist die größte Eismasse, die das Amery-Schelfeis seit den 1960er-Jahren kalbte und ein Indiz für die steigenden Temperaturen der Ozeane

OKTOBER 2019

Hier ist das Amery-Schelfeis nach dem Kalben Ende September 2019 abgebildet. Die Fläche des Eisbergs D-28, dessen Masse auf rund 315 Milliarden Tonnen geschätzt wird, ist größer als das Stadtgebiet von London.

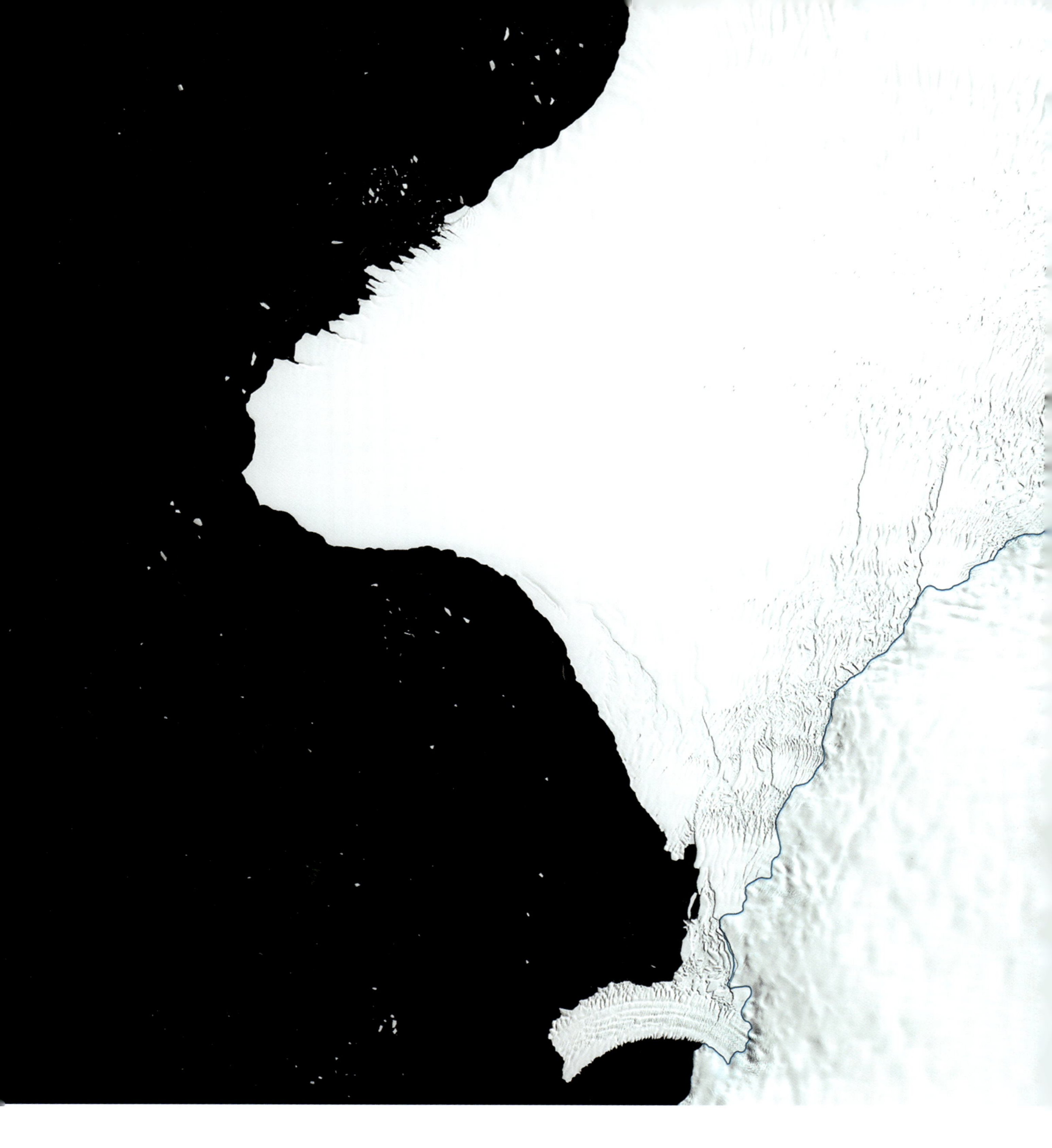

BRUNT-SCHELFEIS, ANTARKTIS 1986

Diese beiden Bilder zeigen das antarktische Brunt-Schelfeis, das im Abstand von 33 Jahren aufgenommen wurde. Auf beiden Bildern ist eine dunkelblaue Linie sichtbar. Diese sogenannte „Grounding Line" markiert die Grenze, ab der sich unter der Eisfläche fester Boden befindet. Links von der Linie schwimmt das Eis auf dem Weddellmeer.

2019

Der auf dem Meer treibende Teil des Schelfeises ist an den Stellen, an denen die Gletscher vom Land ins Meer strömen, erheblich angewachsen. Auf dem Bild von 2019 sind auch zwei große Risse zu erkennen. Wenn diese aufeinandertreffen, wird das Brunt-Schelfeis einen gigantischen Eisberg kalben, der etwa die doppelte Größe von New York City haben wird.

PINE-ISLAND-GLETSCHER, ANTARKTIS SEPTEMBER 2018

Dies ist der Pine-Island-Gletscher in der Antarktis, wenige Wochen bevor es zum Kalben eines riesigen Eisberges kam. Zum Vergleich zeigt das Satellitenbild rechts den Pine-Island-Gletscher nach dem Abbruch des Eisberges Ende Oktober 2018, der den Namen B-46 erhielt.

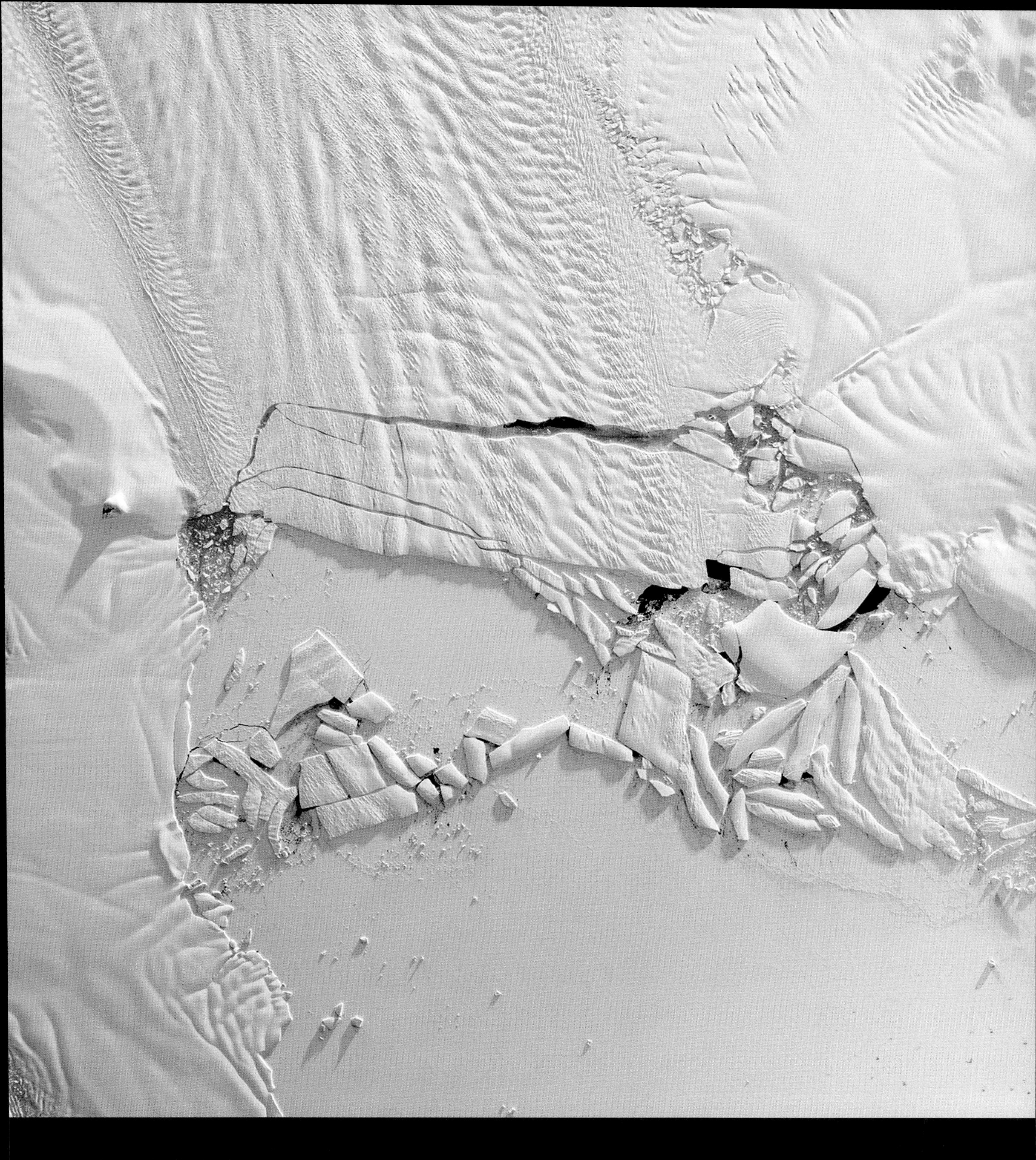

NOVEMBER 2018

Der Eisberg B-46 (Mitte rechts) maß bei seiner Abspaltung vom Hauptschelfeis etwa 226 km². Da der Eispanzer zunehmend dünner wird, kalbte das Schelfeis in den vergangenen Jahren immer häufiger.

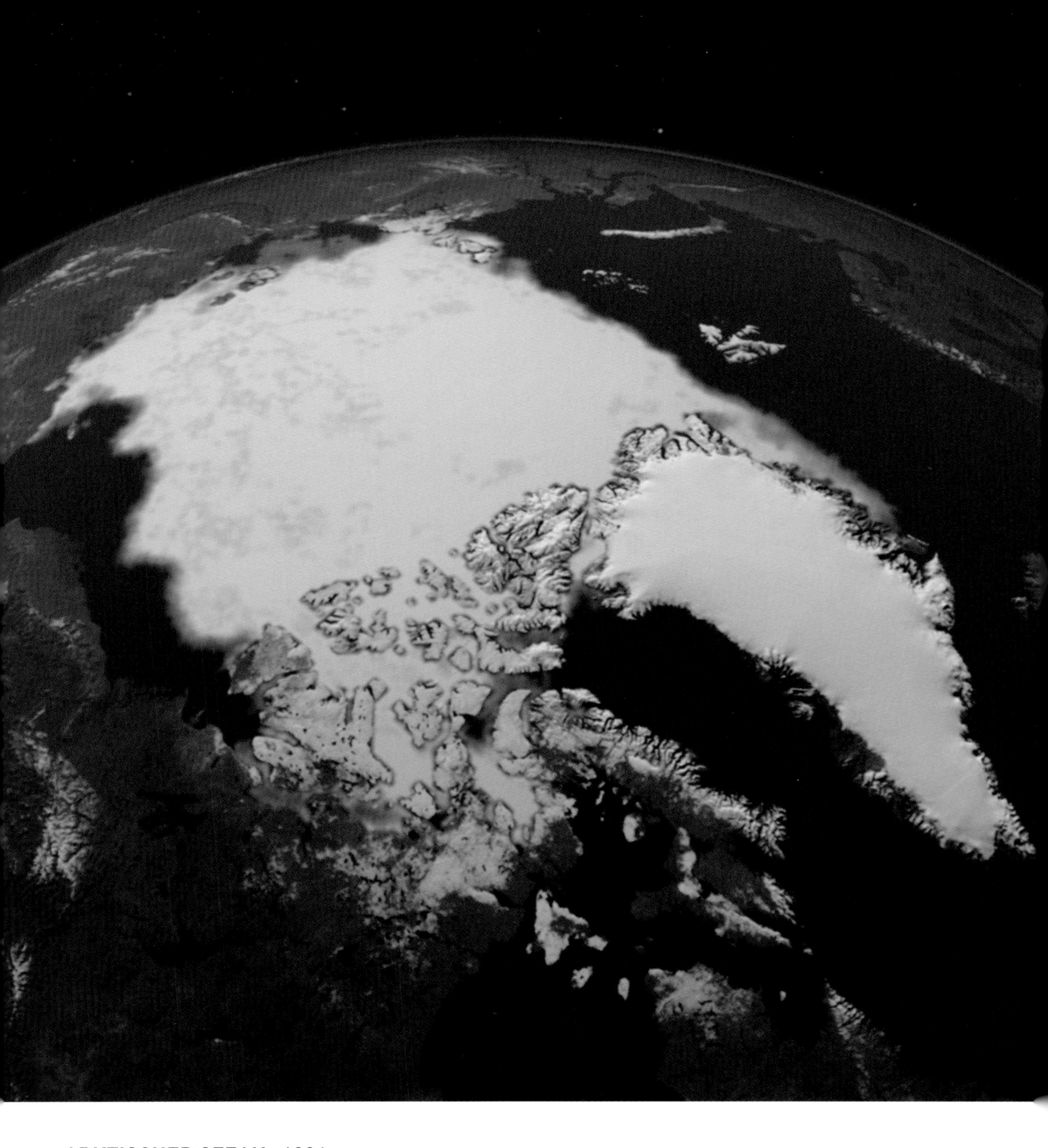

ARKTISCHER OZEAN 1984

Der Arktische Ozean ist auf weiten Flächen von Eis bedeckt, das in den Sommermonaten stellenweise abschmilzt. 2012 erreichte das sommerliche Meereis-Minimum die geringste Ausdehnung seit Beginn der Satellitenmessungen im Jahr 1979. Das Bild oben zeigt die minimale Eisbedeckung im Sommer 1984.

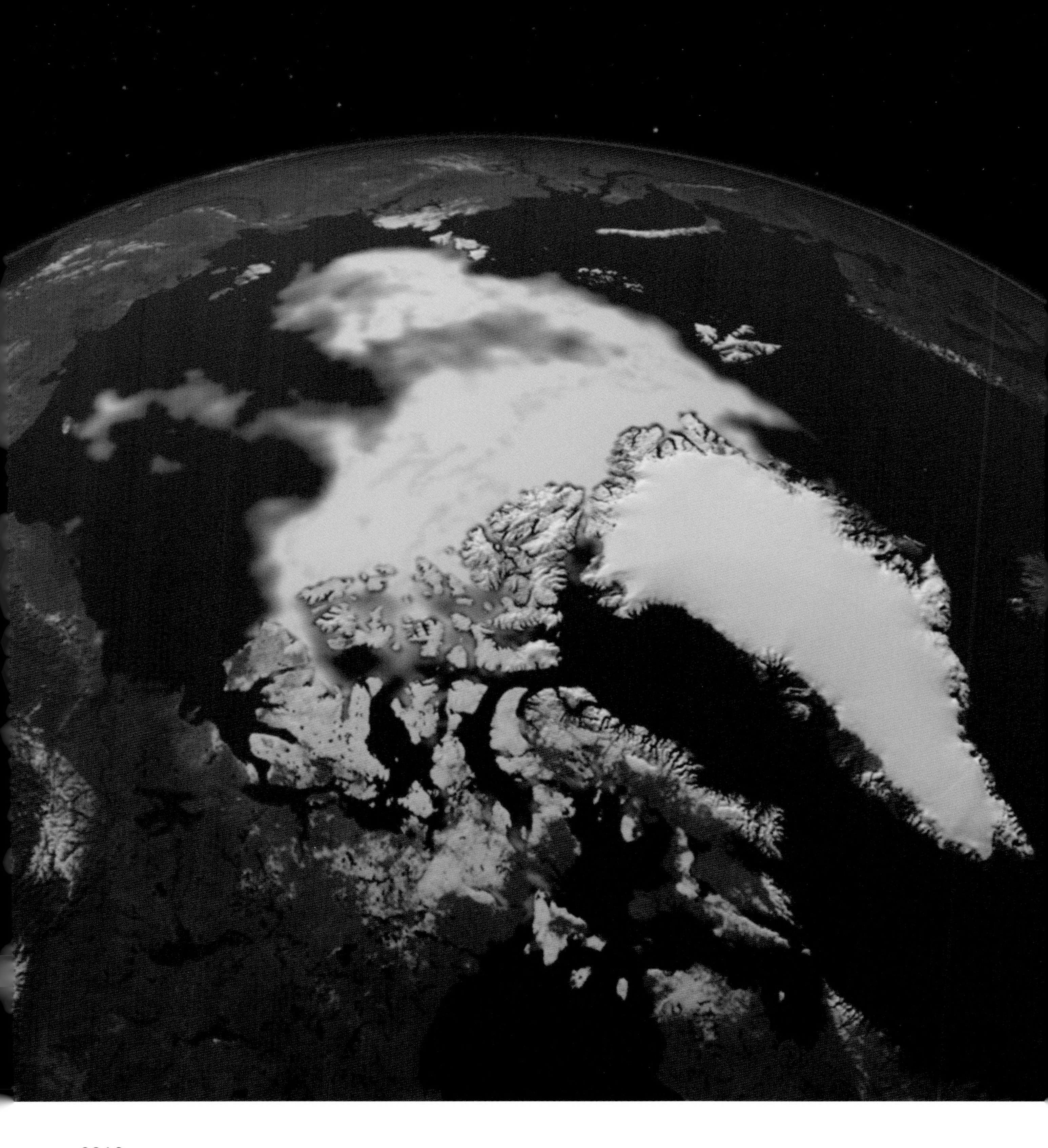

2012

Dieses Bild entstand 28 Jahre später etwa zur gleichen Jahreszeit. Es zeigt, dass die minimale Meereisbedeckung nur noch etwa halb so groß ist wie 1984. Wenn der Eisverlust in diesem Tempo voranschreitet, wird die Arktis höchstwahrscheinlich bis Mitte des 21. Jahrhunderts im Sommer komplett eisfrei sein, glauben die Wissenschaftler.

STEIGENDE MEERESSPIEGEL

Der durchschnittliche Anstieg der weltweiten Meeresspiegel geht höchstwahrscheinlich auf die Erderwärmung zurück.

Camogli, Italien

FUNAFUTI, TUVALU 2007

Der bewohnte Inselstaat Tuvalu liegt mitten im Pazifischen Ozean. Er besteht aus sehr niedrigen Korallenatollen, von denen viele an ihrer höchsten Erhebung nur wenige Meter aus dem Meer empor-ragen. In den vergangenen Jahren haben sich die Lebensumstände der Insulaner vielfach sehr verändert. Ihre größte Sorge ist jedoch, all ihr Hab und Gut in den Fluten zu verlieren.

Die Erwärmung der Ozeane führt in manchen Regionen des Pazifiks zum Anstieg des Meeresspiegels. Dies gefährdet einige besonders niedrig gelegene Inselgruppen, darunter auch Tuvalu. Den Inselbewohnern droht der Verlust ihrer nationalen Identität, da sie immer häufiger gezwungen sind, in andere Länder umzusiedeln.

JAKARTA, INDONESIEN 2018

Jakarta, die Hauptstadt Indonesiens, liegt an der Nordwestküste der Insel Java, in der Javasee. Rund zehn Millionen Menschen leben in der Kernstadt, doch diese ist in großer Gefahr. Jakarta ist auf sumpfigem Untergrund gebaut und kämpft fortwährend gegen die steigenden Pegel der Javasee und der insgesamt 13 Flüsse. Die Überlegungen, Regierung und Parlament langfristig vollständig aus Jakarta abzuziehen, überraschen daher nicht.

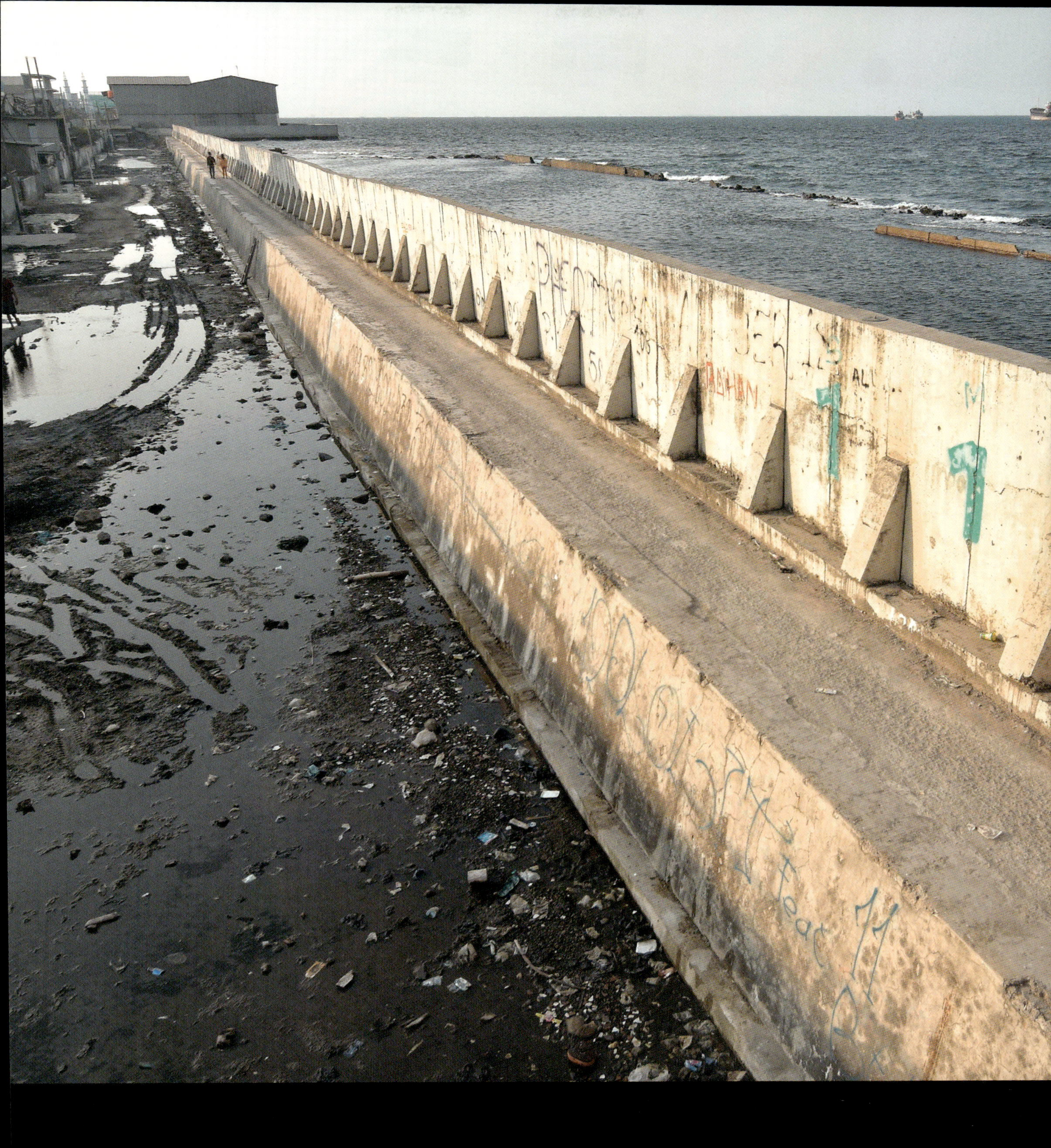

Der Präsident Indonesiens ordnete zum Schutz der Stadt Jakarta den Bau einer Mauer zum Meer an, die bis 2025 fertiggestellt sein soll. Problematisch ist die Absenkung mancher Stadtgebiete um bis zu 20 cm pro Jahr, weshalb die Errichtung der Schutzmauer schnell erfolgen muss. Es wird befürchtet, dass bis zum Jahr 2050 etwa 95 Prozent von Nord-Jakarta unter Wasser stehen könnten.

ROTTERDAM, NIEDERLANDE 2011

Da die Niederlande zu großen Teilen unterhalb des Meeresspiegels liegen, ist das Land in besonderem Maße den Fluten der Nordsee ausgeliefert, die infolge des Klimawandels immer weiter ansteigen. Ende der 1980er-Jahre erkannten die niederländischen Behörden dringenden Handlungsbedarf. Eine Flutkatastrophe wie 1953 und letztendlich das komplette Versinken weiter Landesteile muss unter allen Umständen verhindert werden. Oben im Bild ist das zum Schutz vor Hochwasser errichtete Sturmflutsperrwerk Maeslant zu sehen, das 1997 fertiggestellt wurde.

Dieses Sperrwerk war zunächst im Hochwasserschutzprogramm Deltawerke nicht vorgesehen, da die Hafenzufahrt von Rotterdam zugänglich bleiben sollte. Als sich später jedoch herausstellte, dass die geplanten Deiche das Gebiet nicht ausreichend vor Überschwemmungen schützten, wurde die bewegliche Maeslant-Sperre errichtet. Bei den Toren des Sturmflutwehrs handelt es sich um treibende Pontons, die sich bei einer Sturmflut mit Wasser füllen. Durch das Gewicht des Wassers sinken die Tore und werden so zur Barriere gegen die Fluten.

LIKIEP-ATOLL, MARSHALLINSELN 2001

Das Korallenatoll Likiep im Pazifischen Ozean ist Teil der Marshallinseln. Ungefähr 400 Menschen leben auf dem 10 km² großen Eiland, auf dem sich auch der höchste Punkt der Marshallinseln befindet: eine Anhöhe von nur 10 m über Normalnull. So überrascht es nicht, dass das Likiep-Atoll, ebenso wie die gesamte Inselgruppe, von der Erderwärmung und dem damit einhergehenden Anstieg des Meeresspiegels bedroht sind. Es dauert nicht mehr lange, bis die Häuser hinter der Baumreihe von den ansteigenden Meeresfluten verschluckt werden.

FLUGHAFEN MAJURO, MARSHALLINSELN 2007

Die Hauptstadt der Marshallinseln, Majuro, liegt auf der Inselkette Ratak. Dort gibt es neben dem internationalen Flughafen auch einen Hafen, Geschäfte und Hotels. Auch wenn Majuro deutlich besser ausgebaut ist als andere Regionen der Marshallinseln, ist die Landfläche an manchen Stellen äußerst schmal und der höchste Punkt liegt weniger als 3 m über dem Meeresspiegel. Trotz Schutzmauern rückt das Meer immer näher an die Start- und Landebahn des Flughafens heran, der bereits gelegentlich wegen Überflutung geschlossen werden musste.

VENEDIG, ITALIEN 2018

Die Stadt Venedig wurde inmitten einer Salzwasserlagune auf mehr als 117 Inseln erbaut. Die Fundamente vieler Backsteingebäude und Steinbauten ruhen auf hölzernen Pfählen, die eng beeinander stehen. Gegenwärtig zählt Venedig zu den bedeutendsten Touristenzielen der Welt.

Zu den wichtigsten Sehenswürdigkeiten in Venedig gehört auch der Markusdom, dessen Bau 1071 abgeschlossen wurde. Er ist eines der herausragendsten Beispiele byzantinischer Architektur und die heutige Kathedrale des römisch-katholischen Erzbistums Venedig.

Im Winter wird Venedig gelegentlich von außergewöhnlichem Hochwasser – „Acqua alta" – heimgesucht, für das mehrere Faktoren zusammenkommen: eine Springflut, ein heftiger Scirocco-Wind aus dem Süden, das jahrhundertelange Absinken der Stadt sowie die adriatische „Seiche", eine Wellenbewegung in der Lagune von Venedig. Meist trifft es die tieferen Stadtteile wie den Markusplatz. Das gezeitenabhängige Hochwasser dauert aber nur so lange an, bis die Ebbe einsetzt. Unterdessen gelangen Besucher nur über die hölzernen Stege – „Passarelle" – in den Markusdom.

AUSBREITENDE WÜSTEN

Vordringen der Wüsten in menschliche Siedlungen und landwirtschaftliche Gebiete, ausgelöst durch den Klimawandel oder durch schlechte Agrarmethoden.

Namib, Wüste in Namibia

INNERE MONGOLEI, CHINA 2009

Die Innere Mongolei ist eine autonome Region in China und die drittgrößte Provinz des Landes. Große Teile liegen in der Wüste Gobi, die sich in rasanter Geschwindigkeit ausbreitet. Jedes Jahr fallen dem Wüstensand weitere rund 3600 km² Grassteppen zum Opfer. Der globale Temperaturanstieg trägt darüber hinaus noch zu einer weiteren Verschlechterung der Situation bei, da immer mehr Landschaften austrocknen und unfruchtbar werden.

Um die Desertifikation in besonders bedrohten Gebieten der Inneren Mongolei einzudämmen, werden in der Wüste Gobi Gegenmaßnahmen eingeleitet. Barrieren im Sand, wie auf dem Foto oben zu sehen, sollen die Ansiedlung von Pflanzen vorbereiten, die in sandigen Böden gut gedeihen können. Man hofft, dass diese Pflanzen in Zukunft als Bollwerk gegen die riesigen Sandmengen wirken, die von der Wüste herüberwehen.

OASE DAKHLA, ÄGYPTEN 2010

Viele Regionen der Erde, besonders in den empfindlichen Randbereichen zwischen fruchtbaren und trockenen Gebieten, sind durch vordringende Wüsten in Gefahr. In der Oase Dakhla in Mittelägypten gibt es etwa 14 kleine Dörfer, deren fruchtbare Böden von Quellen gespeist werden.

Außerhalb der Oase ist die Erde verbrannt, steinig, trocken und für konventionelle Methoden der Landwirtschaft nicht geeignet. Hinter dem fruchtbaren Ackerland auf dem Bild lauern im Hintergrund bereits die bedrohlich näher rückenden Dünen der Sahara.

MAROKKO

Der Sand weht von der Wüste in die angrenzenden Gebiete hinein und führt dadurch zur Ausbreitung der Sahara. Diese Fotos zeigen, wie die dortige Bevölkerung in gemeinsamer Anstrengung bemüht ist, die fortwährende Bedrohung der Wüstenbildung abzuwehren.

Links im Bild fassen die Männer quadratische Areale mit Palmblättern ein, um den Saharasand aus der nahe gelegenen Oase fernzuhalten. Auf dem rechten Bild werden Pflanzen, die dem ariden Klima am Wüstenrand trotzen, als Schutz gegen die ausbreitende Wüste gepflanzt.

BASRA, IRAK

Das Klima in der irakischen Stadt Basra ähnelte früher dem in Südeuropa. Der Fluss Schatt-el-Arab sorgte für den Erhalt des weitläufigen Marschlands und für die Bewässerung der Millionen von Palmen, die durch den Anbau und Verkauf von Datteln vielen Menschen ein Einkommen sicherten.

Heute sind im Irak die feuchten, fruchtbaren Böden großteils zu Wüsten geworden. Schuld sind der Klimawandel, die langen Jahre des Krieges, die Ölförderung, wegen der die Bauern vertrieben wurden, und die wachsende Anzahl von Staudämmen, die das Salzwasser ins Landesinnere treiben.

WALD- UND BUSCHBRÄNDE

Zerstörerisches Feuer, das sich schnell über viele Lebensräume hinweg ausbreitet, in der Regel als Folge von längeren Trockenperioden.

Zerstörung nach einem Buschfeuer, Australien

SÜDOST-AUSTRALIEN 2020

In den Jahren 2019 und 2020 lösten Rekordtemperaturen und eine lange, sehr intensive Dürreperiode in weiten Teilen Australiens gigantische Buschbrände aus. Dabei wurden Busch-, Wald- und Parklandschaften auf einer Fläche von über 126 000 km^2 verbrannt und vernichtet.

Das obere der zwei Fotos ist am 6. Januar 2020 in Quaama, New South Wales entstanden, als das Buschfeuer noch schwelte. Hinter den verkohlten Baumstümpfen steigt Rauch empor, das Gebäude rechts wurde durch die Flammen zerstört. Das untere Foto wurde vier Monate später an der gleichen Stelle aufgenommen und zeigt, dass sich die Landschaft allmählich wieder erholt.

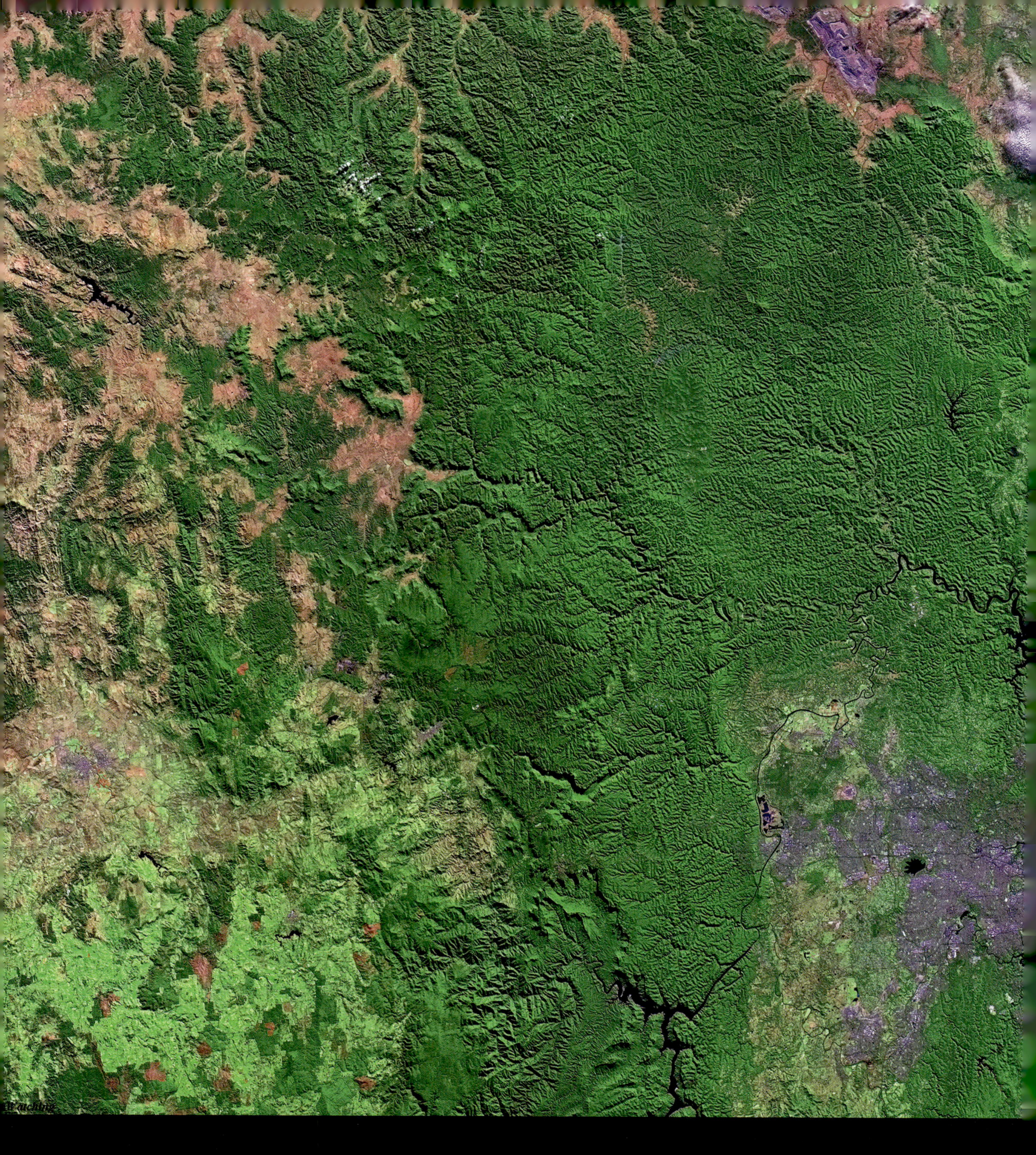

WOLLEMI-NATIONALPARK, AUSTRALIEN 24. JULI 2019

Der Wollemi-Nationalpark liegt im Bundesstaat New South Wales im Osten Australiens. Das Schutzgebiet in den Blue Mountains und der Lower-Hunter-Region beheimatet eine vielfältige Pflanzen- und Tierwelt, darunter Rotnacken-wallabys, Breitkopfottern und Wollemie-Kiefern

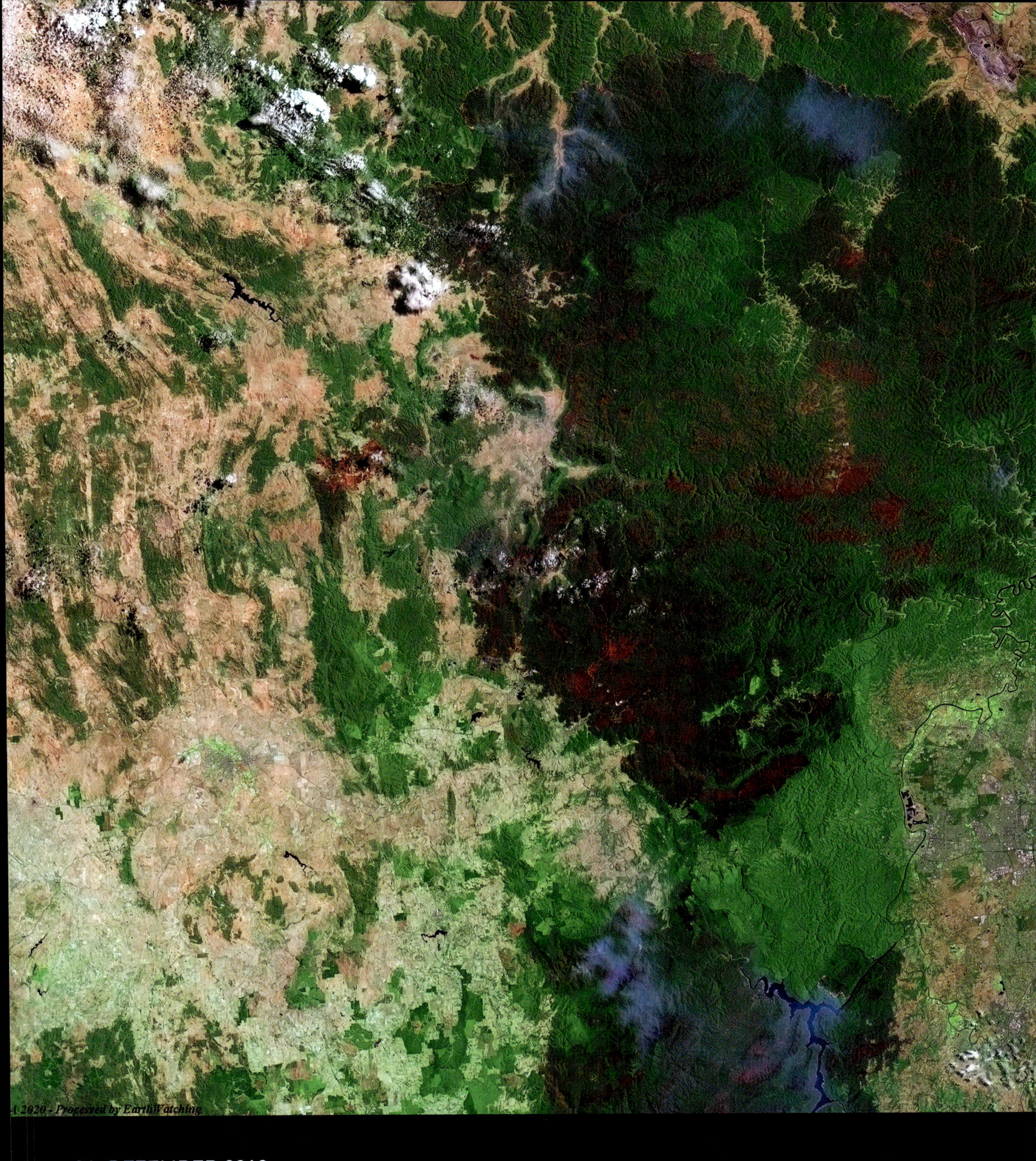

31. DEZEMBER 2019

Mehr als 5 000 km^2 des Parks wurden Opfer der Flammen – oben im Bild. Zum Glück gelang einem Feuerwehr-Spezialkommando die Rettung des einzigen natürlichen Bestands der Wollemie-Kiefer. Versteinerungen deuten auf die Existenz dieser Baumart seit 200 Millionen Jahren hin.

SHOSHONE NATIONAL FOREST, WYOMING, USA 31. JULI 2016

Mitte Juli 2016 vernichtete das „Lava Mountain"-Feuer 50 km² Land im Shoshone National Forest in Wyoming, USA. Der durch Blitzeinschlag ausgelöste Waldbrand wuchs in den ersten zwei Wochen stetig, aber nicht besorgniserregend schnell. Als hingegen die Temperaturen weiter anstiegen und der Wind stärker wurde, breitete sich das Feuer immer rasanter aus.

2. AUGUST 2016

Ein Wetterumschwung heizte das Feuer noch weiter an und machte die Evakuierung der umliegenden Gebiete erforderlich. Die Anwohner hofften auf Regen und Gewitter, damit das Löschen der Brände voranging. Gleichzeitig befürchteten sie jedoch, dass Blitzeinschläge in dem mittlerweile extrem trockenen Gebiet neue Brände entfachen könnten.

YELLOWSTONE-NATIONALPARK, WYOMING, USA 2016

Im Westen der USA erstreckt sich auf einer Fläche von 9 000 km² der Yellowstone-Nationalpark über die Bundesstaaten Wyoming, Montana und Idaho. 2016 zählte man dort insgesamt 22 Brände, die durch Menschen oder Blitzeinschläge entzündet wurden.

Die Flammen verwüsteten die Wälder des Yellowstone-Nationalparks und zerstörten mehr als 250 km^2 Land. Dies war die zweitgrößte Brandfläche in der Geschichte des Nationalparks. Im Jahr 1988 waren dort über 3230 km^2 Wald niedergebrannt.

LLANTYSILIO MOUNTAIN, WALES 2018

40 Tage lang wütete 2018 in den Monaten Juli und August ein Feuer in der Ginster- und Moorlandschaft am Llantysilio Mountain im walisischen Denbighshire. Als die Feuerwehrleute den Brand endlich gelöscht zu haben schienen, loderte dieser unterirdisch weiter und flammte erneut auf. Vermutlich waren lange Trockenperioden und Hitze für die verheerenden Brände verantwortlich.

TORRIDON HILL, SCHOTTLAND 2011

Trockenes, warmes Wetter war auch der Auslöser für das Feuer auf den Torridon Hills, das rund 23 km² Land verwüstete, bevor 150 Feuerwehrmänner es unter Kontrolle brachten. In den schottischen Highlands wüteten im Jahr 2018, nach einer längeren Periode ungewöhnlich hoher Temperaturen und mangelnder Niederschläge, viermal so viele Waldbrände wie 2017.

DÜRREN

Lange anhaltende Trockenheit führt zu Wasserknappheit, Ernteverlusten und erhöhter Brandgefahr.

Dürreperiode in Guadalajara, Spanien

ALASSA, ZYPERN 2008

In jüngster Zeit leiden die Mittelmeerregionen unter extremer Trockenheit. Besonders stark betroffen ist der östliche Mittelmeerraum, die Levante. Dort herrschte von 1998 bis 2012 die schlimmste Dürreperiode seit über 900 Jahren. Dürre und Hitzewellen bedrohen die Ernten und Viehherden der Bauern und stellen für die Wasserversorgung der gesamten Region eine ernste Gefahr dar.

Als der Kouris-Staudamm und der Stausee 1989 errichtet wurden, mussten die Bewohner des Dorfes Alassa umsiedeln. Seither ragt in normalen Zeiten aus dem gefüllten Stausee nur noch der alte Kirchturm empor. In Zeiten anhaltender Trockenheit jedoch, wie auf dem Bild von 2008 zu sehen, steht die alte Dorfkirche überhaupt nicht mehr im Wasser.

SÜDLICHE ALPEN, NEUSEELAND 2014

Auf dem obigen Satellitenbild, das im Dezember 2014 aufgenommen wurde, sind Eis und Schnee auf den Gletschergipfeln der neuseeländischen Südalpen deutlich erkennbar. In dieser Jahreszeit ist das ein typischer Anblick für das Gebiet.

2019

Auch auf diesem Bild von November 2019 sind Eis und Schnee zu sehen, allerdings sind die weißen Stellen bräunlich gefärbt. Es handelt sich um Staub und Aschepartikel, die aus Australien herüberwehten. Das Phänomen ist bekannt, begann aber 2019 wegen Hitze und Trockenheit ungewöhnlich früh.

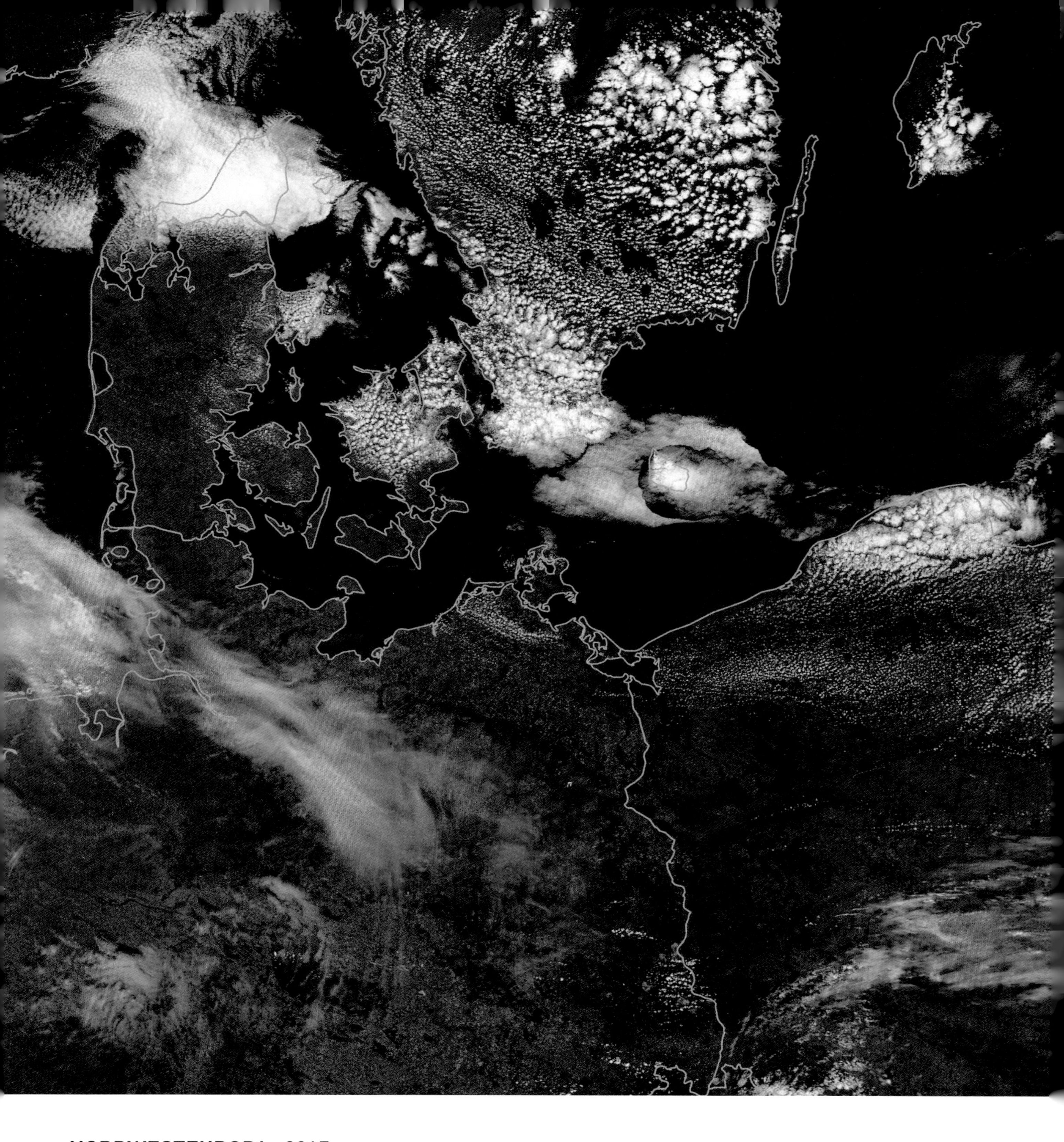

NORDWESTEUROPA 2017

Die gewöhnlich üppig grünen Landschaften im Nordwesten Europas nahmen im Juli 2018 eine braune Färbung an und wurden kahl. Die Länder Dänemark und Deutschland waren besonders stark betroffen. Überdurchschnittlich hohe Temperaturen und extrem geringe Niederschläge lösten eine Dürreperiode aus, die in den betroffenen Gebieten innerhalb nur eines Monats alles braun werden ließ.

2018

Ab Mai dieses Jahres und den gesamten Sommer über litt Deutschland unter großer Hitze und Trockenheit. Die Bevölkerung Großbritanniens erlebte den trockensten Monat Juni und Julianfang seit Beginn der Aufzeichnungen.

Wissenschaftler erkennen über die Jahre einen steilen und konstanten Aufwärtstrend der globalen Temperaturen und eine regelmäßige Wiederkehr extremer Hitzewellen.

AUSTRALIEN 2019

Dürreperioden betreffen Menschen und Tiere. Wenn in Australien in Dürrezeiten die Wasserlöcher austrocknen, suchen die Tiere der freien Wildbahn verzweifelt nach Wasser.

BURKINA FASO 2016

In Burkina Faso bringt die Dürre eine Senkung des Grundwasserspiegels mit sich. Um die Bevölkerung ausreichend mit Wasser zu versorgen, müssen die Brunnen tiefer gebohrt werden

TROCKENE SEEN UND FLÜSSE

Verringerung der Größe von Seen und Durchflussmenge in Flüssen als Folge des Klimawandels oder der Wasserentnahme durch Landwirtschaft oder Industrie.

Ausgetrockenes Flussbett in New Mexico, USA

AMBOSELI-SEE, KENIA 2008

Der Amboseli-Nationalpark in Kenia ist nach dem großen gleichnamigen See benannt. Die meiste Zeit des Jahres ist er aber kein Gewässer, sondern ein breites, trockenes Becken mit vulkanischer Erde.

Nur nach ausgiebigen Regenfällen ähnelt er einem See, erreicht jedoch selten eine Tiefe von mehr als 60 cm. Ansonsten ist der Amboseli-See eine ausgetrocknete, enorm staubige Ebene.

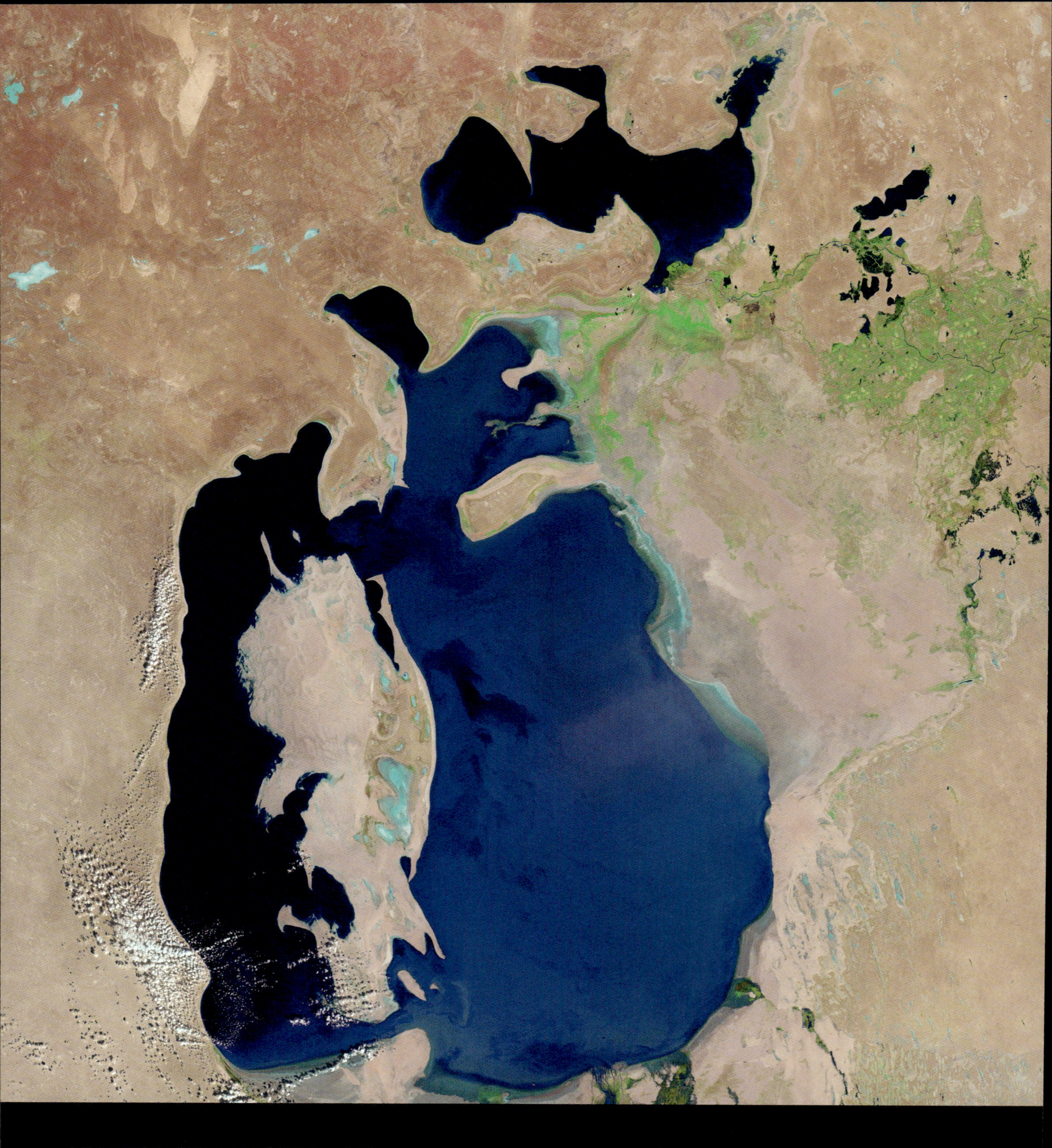

ARALSEE, ZENTRALASIEN 1998

Der Aralsee, in den 1960er-Jahren der viertgrößte See der Erde, ist heute um ein Vielfaches kleiner. Gründe sind der Klimawandel und die Wasserentnahme aus seinen Zuflüssen für gigantische Bewässerungssyteme. Während der nördliche Teil des Aralsees durch den Bau eines Staudamms vor dem Austrocknen bewahrt wurde, scheint das Schicksal des südlichen Teils endgültig besiegelt.

2018

Der dramatische Rückgang des Wasserpegels im Aralsee hat den Zusammenbruch der lokalen Fischerei zur Folge. Chemische Gifte gelangen in die zurückbleibende Salzwüste und stellen für die Menschen vor Ort eine große gesundheitliche Gefahr dar. Zurückgelassene Schiffswracks liegen auf dem Trockenen und rosten vor sich hin, Salzflächen dehnen sich aus, Staubstürme nehmen zu.

THEEWATERSKLOOF-RESERVOIR, SÜDAFRIKA OKTOBER 2014

Die 2015 einsetzende Dürreperiode in der südafrikanischen Provinz Westkap ließ die Wasserreserven vieler Talsperren auf ein kritisches Niveau sinken. Bis November 2015 fielen nur 280 Liter/m^2 Regen, im Vergleich zur regulären Niederschlagsmenge von 450 Litern. 2016 waren es 206 Liter/m^2, im Jahr 2017 sogar nur 135 Liter. In Kapstadt wurde die Wassernutzung von den Behörden eingeschränkt und der Trinkwasserverbrauch auf das absolut Notwendige begrenzt.

OKTOBER 2017

Das Theewaterskloof-Reservoir, der größte Wasserspeicher des Westkaps, war 2017 nur zu 27 Prozent ausgelastet. Gut sichtbar ist das verringerte Wasserniveau auf dem obigen Satellitenbild, verglichen mit dem Bild von 2014, als der Stausee komplett ausgelastet war. Auch der hellbraune „Badewannenrand", den die trockenliegenden Sedimente am Rand des Stauseebeckens verursachen, weist auf den gesunkenen Wasserstand hin.

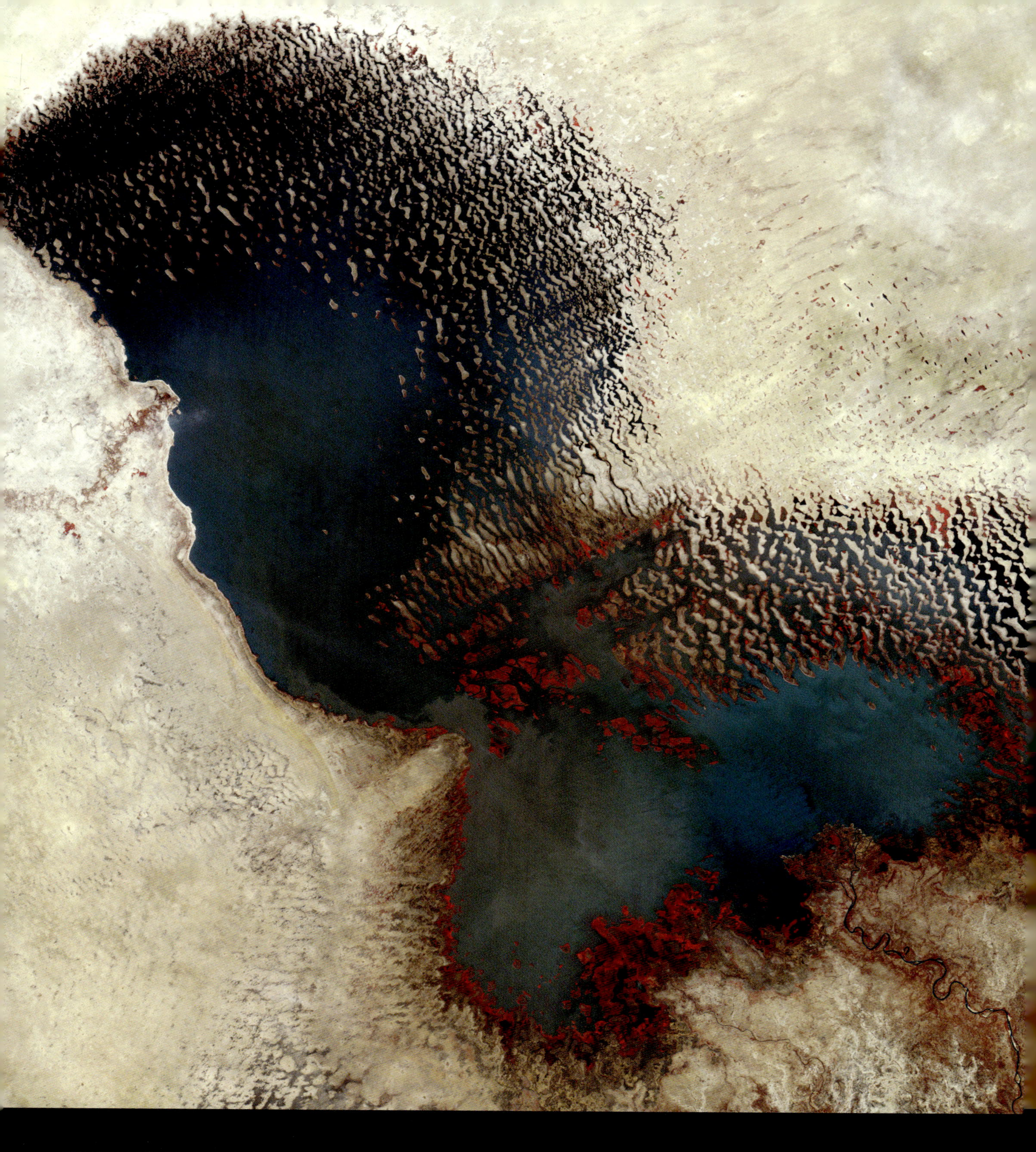

TSCHADSEE, ZENTRAL- UND WESTAFRIKA 1973

Früher war der Tschadsee eines der größten Binnengewässer Afrikas. Extensive Bewässerungsprojekte, die Ausbreitung der Wüste und die zunehmende Trockenheit sorgten dafür, dass der Tschadsee im Vergleich zu den 1960er-Jahren heute weniger als ein Zehntel so groß ist.

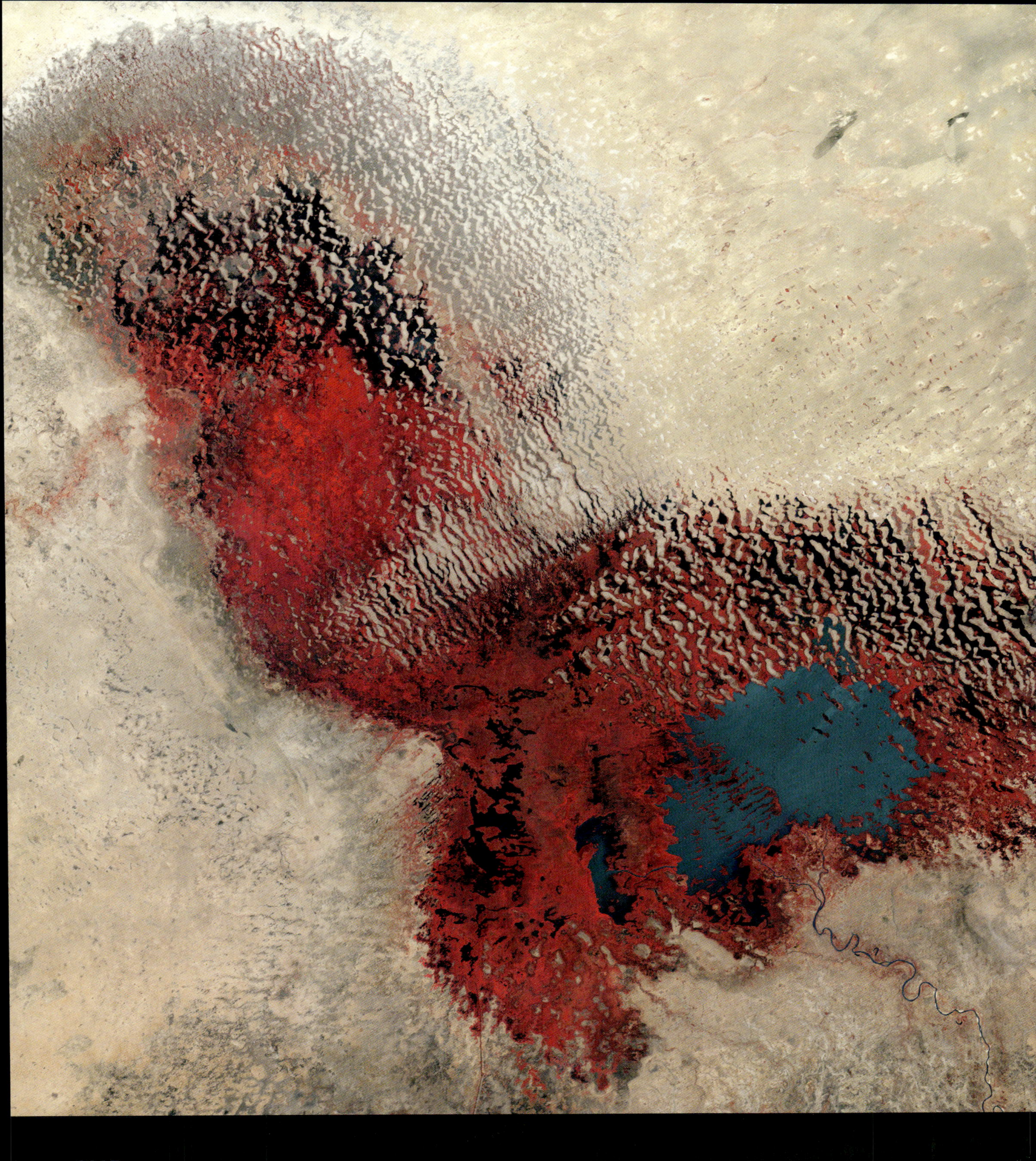

2017

Der Wasserstand des flachgründigen, seichten Sees schwankt im Rhythmus der Regenzeiten. Bedingt durch das zunehmend trockenere Klima ist die Sahara auf dem Vormarsch. Gut zu sehen ist dies an den wellenartigen, vom Wind geformten Sanddünen in der früheren Nordhälfte des Tschadsees.

LAKE OROVILLE, KALIFORNIEN, USA 2011

Kalifornien rief 2014 den Notstand aus, da wegen einer Dürre die Wasserspeicher und Seen des US-Bundesstaates immer weiter austrockneten.

2013 war das trockenste Jahr Kaliforniens seit Beginn der Aufzeichnungen und die künftige Wasserversorgung bereitete zunehmend Sorgen.

2014

Im Januar 2014 war der Stausee Lake Oroville nur zu 36 Prozent gefüllt. Offiziellen Angaben zufolge betrug die Schneemenge, die stets im Frühjahr schmilzt und etwa ein Drittel des Wasserbedarfs von Städten und landwirtschaftlichen Betrieben deckt, nur noch 20 Prozent des Normalwerts.

FOLSOM LAKE, KALIFORNIEN, USA 2011

Wie beim Lake Oroville auf der vorherigen Seite sorgte die lang anhaltende, intensive Dürreperiode 2014 auch im kalifornischen Folsom Lake für einen drastischen Rückgang des Wasserpegels.

2014

Mitte Januar 2014 betrug die Wassermenge im Folsom Lake gerade noch 17 Prozent und erreichte zu diesem Zeitpunkt im Jahr einen historischen Tiefststand.

VALDECAÑAS-STAUSEE, SPANIEN 2013

Nachdem der Valdecañas-Stausee in Zentralspanien 1963 errichtet wurde, versank das prähistorische Bauwerk „Dolmen von Guadalperal", das gerne auch als das spanische Stonehenge bezeichnet wird, vollständig im Wasser.

2019

Das Alter des aus 144 Megalithen bestehenden Bauwerks wird auf 7000 Jahre geschätzt. Die anhaltende Hitze und Dürre des Jahres 2019 in Spanien führten zu einer derartigen Absenkung des Wasserpegels, dass der Stausee die aufrecht stehenden Steine wieder freigab.

LAGUNA DE ACULEO, PAINE, CHILE 2014

Die Laguna de Aculeo in der zentralchilenischen Provinz Maipo ist seit 2018 komplett ausgetrocknet. Die Satellitenbilder zeigen den Unterschied zwischen Februar 2014, als der See noch Wasser enthielt, und März 2019, als nur noch getrockneter Schlamm und Vegetation zurückblieben.

2019

Experten führen das Austrocknen der Laguna de Aculeo auf die ungewöhnlich lange, mindestens zehn Jahre anhaltende Dürreperiode zurück, in Kombination mit dem steigenden Wasserverbrauch durch die wachsende Bevölkerung in der Region.

WALKER LAKE, NEVADA, USA 1988

Seitdem sich vor etwa 100 Jahren immer mehr Farmer und Rancher in Nevada am Walker Lake ansiedelten, hat dieser 90 Prozent seines ursprünglichen Wasserstandes eingebüßt. Das Schmelzwasser der Schneeberge in der Sierra Nevada, das im Frühjahr den See speist, wurde immer stärker von den Farmern für ihre Felder und Weiden abgezweigt.

2017

Aus diesem Grund gelangte immer weniger Süßwasser in den See und der Salzgehalt im Wasser stieg von Jahr zu Jahr an. Heute ist die Salzkonzentration im Walker Lake etwa halb so hoch wie im Meerwasser, was sich auf die Ökosysteme im See enorm auswirkt. Im Jahr 1979 lebten dort noch 17 verschiedene Fischarten, heute sind es nur noch drei.

KARIBA-STAUSEE, AFRIKA 2018

Der Kariba-Stausee an der Grenze zwischen Sambia und Simbabwe ist dem Volumen nach das größte Wasserreservoir der Erde. Infolge der schweren Dürren im südlichen Afrika war die Kariba-Talsperre weder auf dem linken noch auf dem rechten Satellitenbild auch nur annähernd ausgelastet. Im Dezember 2019 lag der Füllstand des Stausees bei nur 8,36 Prozent.

2019

Der Kariba-Stausee wird vom Sambesi gespeist. Aufgrund der schlimmen Dürre führte der Fluss 2019 aber so wenig Wasser, dass es kaum noch für das Wasserkraftwerk an der Kariba-Talsperre reichte. Dabei wird dort die Hälfte des gesamten Stroms von Sambia und Simbabwe produziert.

TOTES MEER, ISRAEL 2011

Das Tote Meer – ein Salzsee an der Grenze zwischen Israel und Jordanien – befindet sich am tiefsten begehbaren Punkt der Erde, etwa 430 m unter dem Meeresspiegel. Doch der Wasserpegel fällt jedes Jahr um etwa 1,20 m. Die trockenheiße Senke, in der das Tote Meer liegt, heizt sich durch den globalen Temperaturanstieg noch weiter auf.

2018

Die Hitze bewirkt eine stärkere Verdunstung des Wassers im See, was die Salzkonzentration in die Höhe treibt. In den zurückbleibenden Salzablagerungen brechen Senklöcher ein, die im Boden große Krater entstehen lassen. Über 5 000 dieser sogenannten Dolinen gibt es mittlerweile am Toten Meer entlang der Ufer, die allesamt ab Ende der 1970er-Jahre entstanden sind.

LAGO POOPÓ, BOLIVIEN 2013

In Hochwasserzeiten ist der Lago Poopó, auf dem Altiplano der Anden im westlichen Zentralbolivien gelegen, der zweitgrößte See des Landes, dessen ursprüngliche Fläche einst ca. 3 000 km² betrug, was zweimal der Größe von London entspricht.

Für die Menschen in seiner Umgebung ist der See die Existenzgrundlage, denn viele Einheimische benötigen den Fischfang zum Lebensunterhalt.

2016

Seine geringe Tiefe von maximal 3 m macht den Lago Poopó allerdings höchst anfällig für die Trockenheit und Erderwärmung. Nachdem der See 1994 ausgetrocknet war, füllte er sich im Laufe einiger Jahre allmählich wieder auf. Gleichwohl dauerte es lange, bis sein Ökosystem wiederhergestellt war. 2016 kam es zu einer erneuten Austrocknung des Lago Poopó. Die beiden Satellitenbilder von 2013 und 2016 verdeutlichen den dramatischen Unterschied.

VERÄNDERTE KÜSTENLINIEN

Beeinflussung des Küstenverlaufs durch Erosion infolge von Naturkräften aus Meer und Flüssen sowie durch Sedimentablagerung entlang der Küsten.

Pancake Rocks, Punakaiki, Neuseeland

SHISHMAREF, ALASKA, USA 2004

Im Winter ist die Küste von Shishmaref durch das Eis des Meeres gut geschützt. Wenn aber in den Sommermonaten das Meereis abnimmt, wird die Küstenlinie in Mitleidenschaft gezogen. Dazu kommt, dass der Permafrost, auf dem das Dorf errichtet ist, immer weiter auftaut (siehe dazu auch die Seiten 80–83), was die Küstenlinie umso erosionsanfälliger macht.

Die jüngsten Erosionsraten liegen im Durchschnitt bei 3,30 m pro Jahr und immer wieder gehen Gebäude verloren. Nun steht die Dorfgemeinschaft vor der Entscheidung, ihren Ort aufzugeben und sich an anderer Stelle neu anzusiedeln oder Wälle gegen die Flut zu errichten, wie auf dem obigen Foto zu sehen. Sie sollen das schützende Meereis zumindest etwas ersetzen.

FREEPORT, TEXAS, USA 1987

24 Prozent der Sandstrände weltweit erodieren mit einer Geschwindigkeit von mehr als 0,5 m pro Jahr. Die Satellitenbilder oben und rechts zeigen das Gebiet südlich der Stadt Freeport im US-Bundesstaat Texas im Abstand von 28 Jahren.

2015

An diesem 17 km langen Strandabschnitt von Freeport beträgt die Erosionsrate 15 m pro Jahr. Er gehört zu den Stränden, die weltweit am stärksten von Erosion betroffen sind.

EASTON BAVENTS, SUFFOLK, GB 1999

Seit Jahrhunderten leidet die Ostküste Englands unter Erosion, doch vor allem in den letzten zwei Jahrzehnten sind riesige Küstenteile im Meer verschwunden. Das auf den Bildern markierte Haus in Easton Bavents, Suffolk, rückte immer näher ans Kliff heran, das von den Wellen der Nordsee erodiert wird. Nach einem Sturm im Dezember 2019, der diesen Küstenabschnitt beschädigte, befand sich das Haus nur noch 9 m von der Kante entfernt.

2019

Das Haus, das im Abstand von 20 Jahren aus derselben Perspektive fotografiert wurde, stand auf dem Bild von 2019 deutlich näher am Kliffrand. Das Foto wurde nur wenige Monate vor dem Abriss des Hauses aufgenommen. Als die Abrissarbeiten des Hauses schließlich begannen, war die Entfernung zur Klippe auf nur noch 6 m geschrumpft.

DUNCANSBY STACKS, CAITHNESS, GB 2013

Eindrucksvoll ragen die Duncansby Stacks am nördlichsten Zipfel der schottischen Küste nahe der Ortschaft John o' Groats aus dem Meer. Dabei handelt es sich um eine ganze Gruppe von Felsnadeln, die im Laufe der Jahrhunderte von den roten Sandsteinklippen des Festlandes erodierten. Die höchste Felsnadel ist der Great Stack mit über 60 m über dem Meeresspiegel.

Diese Felsnadeln waren einst Bestandteil der daneben stehenden Klippen. Felsformationen dieser Art sind das Ergebnis von Erosion, durch die Klippen zu Landzungen ausgeformt und im Inneren ausgehöhlt werden. Ist die Höhle schließlich ganz durchgebrochen, bildet sich ein Felsbogen im Meer. Dieser wiederum bricht eines Tages ein und bleibt als Felsnadel zurück.

DALY CITY, KALIFORNIEN, USA 2008

Etwa 75 Prozent der kalifornischen Küste sind aktuell von Erosion betroffen. Experten zufolge verstärkt der steigende Meeresspiegel den Klippenabbruch weiter. Die Klippen in Daly City, oben im Bild, sind bereits stark geschädigt, die Evakuierung der Häuser an der Kante steht bevor.

ENCINITAS, KALIFORNIEN, USA 2003

Dass die Klippen an der kalifornischen Küste seit Jahrzehnten bröckeln, ist auch auf den Meeresspiegelanstieg zurückzuführen. Der Klippenpfad am Beacon's Beach bei Encinitas wurde durch Regen und Erosion teilweise weggespült. Neue Sicherheitsgeländer mussten angebracht werden.

HAPPISBURGH, NORFOLK, GB 2010

Das Bild zeigt einen Küstenabschnitt bei Happisburgh im ostenglischen Norfolk. Treppen führen vom Klippenrand hinunter zum Strand. Früher lag Happisburgh viel weiter vom Meer entfernt, doch die Pfarrgemeinde Whimpell, die den Ort von der Küste trennte, wurde schon längst weggespült. Aufzeichnungen lassen vermuten, dass in der Zeit zwischen 1600 und 1850 über 250 m Land der Erosion zum Opfer fielen.

2015

Diese Aufnahme entstand fünf Jahre danach an exakt derselben Stelle. Sie führt vor Augen, in welcher rasanten Geschwindigkeit das Meer die Klippen wegspülte. Der Abstand zwischen dem Fuß der Klippen und dem ehemaligen Treppenfundament – rechts markiert – hat sich wesentlich vergrößert. Infolge der Küstenerosion verlieren die weichen Lehmklippen in dieser Region im Durchschnitt 2 m jährlich, so die Meinung der Experten.

AZURE WINDOW, GOZO, MALTA 2017

Weltberühmt war das Azure Window auf der maltesischen Insel Gozo im Mittelmeer, bis es im März 2017 bei einem schweren Sturm endgültig einbrach. Seit jeher war das Felsentor der permanenten Erosion ausgesetzt, doch ab den 1980er- bis in die 2000er-Jahre brachen immer mehr Felsenteile von der Platte über dem Bogen ab und das Tor wurde sichtbar breiter. Bis zu seinem kompletten Einsturz fielen ständig Gesteinsbrocken ins Meer, das Betreten war inzwischen verboten. Ungeachtet dessen liefen noch wenige Tage vor dem endgültigen Einsturz Menschen über den Felsenbogen.

MARSAXLOKK, MALTA 2017

Das Meer nimmt auf jede Insel der Erde entscheidenden Einfluss, so auch auf das von den Fluten des Mittelmeers umspülte Malta. Alle Felsen in Meeresnähe erodieren in der einen oder anderen Weise. Entlang der maltesischen Küste finden sich pilzförmige Felsformationen, wie auf dem obigen Bild bei dem Dorf Marsaxlokk an der Südostküste zu sehen. Das Erscheinungsbild dieser spektakulär geformten Felsen ist das Ergebnis von Erosion und Verwitterung durch Wind, Wellen und vordringendes Meerwasser.

SKARA BRAE, ORKNEY, GB 2017

Skara Brae ist eine Steinsiedlung auf Orkney, einer Inselgruppe vor der Küste Nordschottlands. Die Gebäude wurden erst in der zweiten Hälfte des 19. Jahrhunderts entdeckt, als ein schwerer Sturm die Sanddüne zerstörte, unter der sie begraben lagen.

Man nimmt an, dass Skara Brae in der Jungsteinzeit, zwischen 3000 und 2500 v. Chr., erbaut und bewohnt wurde. Leider macht die exponierte Lage die prähistorische Siedlung für Küstenerosion durch Wind und Wasser besonders anfällig und ein weiterer Sturm könnte sie endgültig zerstören.

HOCHWASSER

Infolge starker Regenfälle oder Schneeschmelze treten Flüsse über die Ufer und überfluten trockene Landflächen.

River Great Ouse, St Ives, Cambridgeshire, GB

YORK, NORTH YORKSHIRE, GB 2020

Das obige Bild zeigt die Uferstraße King's Staith in York an einem Tag vor dem Hochwasser, unten sieht man sie am 18. Februar 2020, als der Fluss Ouse über die Ufer trat und Teile der Stadt York überflutete. Nach den Stürmen Ciara (in Deutschland hieß er Sabine) und Dennis (in Deutschland Victoria) erreichte der Fluss mit 4,35 m über Normal den höchsten Pegel seit der Flutkatastrophe von 2015.

Die nach dem Jahr 2015 installierten Hochwasserschutzsysteme milderten zwar die Folgen der Überschwemmungen von 2020. Nichtsdestotrotz waren viele Einzelhändler von den Fluten betroffen.

Hier sieht man, wie aus dem Pub „The Lowther" am Ufer des Ouse, der auf allen drei Fotos abgebildet ist, die Wassermassen herausgepumpt werden mussten.

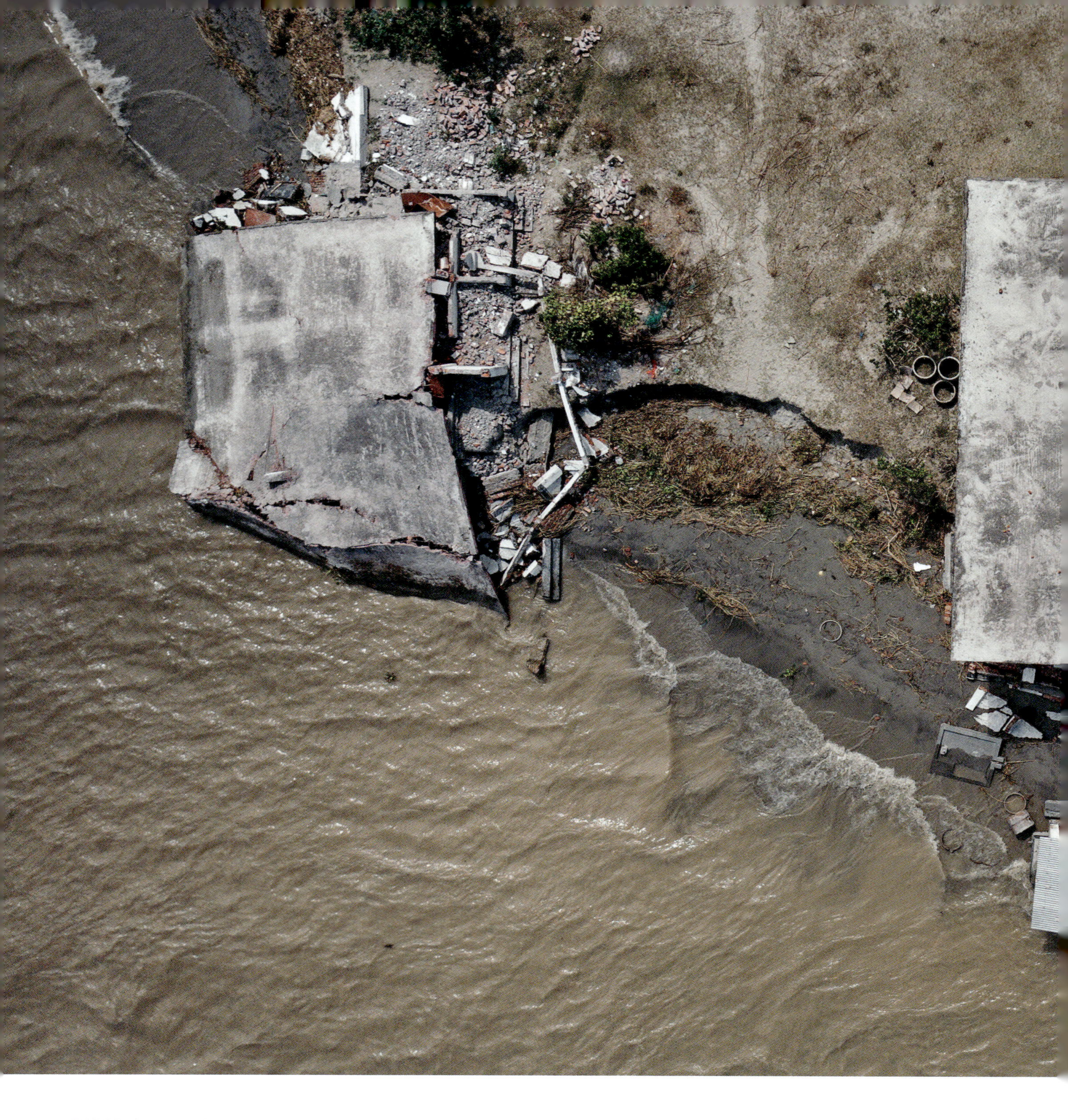

DHAKA, BANGLADESCH 2019

Wissenschaftler zählen Bangladesch zu den am stärksten vom Klimawandel bedrohten Ländern der Erde. Zyklone und starke Regenfälle bedrohen kontinuierlich das Land. Dazu kommt die zerstörerische Gefahr durch Überschwemmungen, der die am Ufer der Flüsse gebauten Häuser unentwegt ausgesetzt sind. Die Regenfälle zur Monsunzeit werden immer stärker und lassen drei große Flüsse – Padma, Meghna und Jamuna – über die Ufer treten. Es kommt zur Erosion der Landschaften, viele Häuser und Dorfgemeinden werden zerstört.

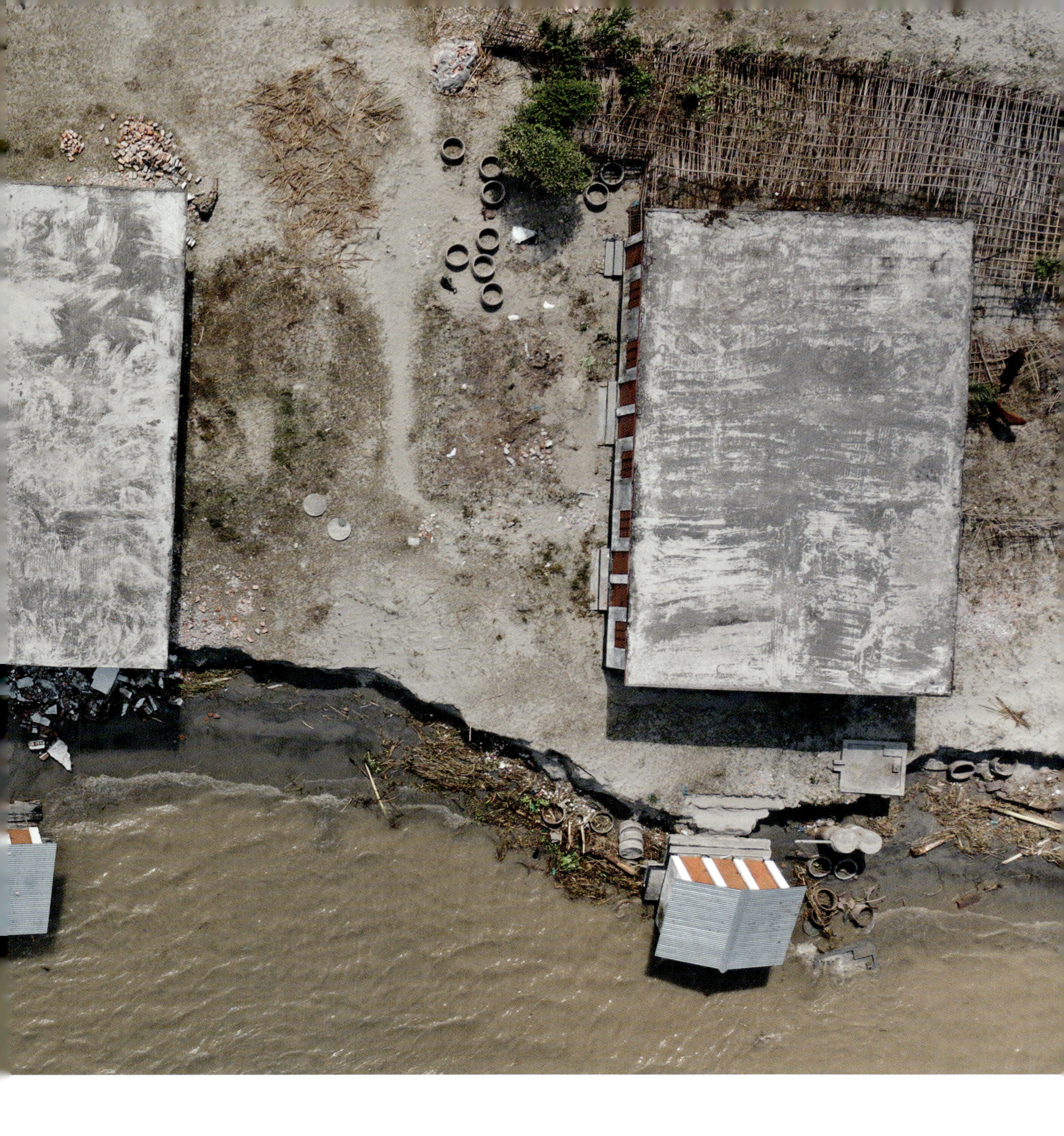

Schätzungsweise fielen der Erosion durch Flüsse in den Jahren von 1973 bis 2017 über 1600 km^2 Land zum Opfer. Auf dem Bild ist zu sehen, wie drei Gebäude mitsamt des umliegenden Erdreichs gerade von der Padma weggespült werden. Doch dies ist nur ein kleiner Ausschnitt der gewaltigen Probleme. Bis Ende 2020 wurden weitere 45 km^2 Land vernichtet und Tausende Menschen mussten umgesiedelt werden. Sollte sich die Lage in dieser Geschwindigkeit weiter verschlechtern, könnten in Zukunft die Häuser und Städte von Millionen von Menschen verloren gehen.

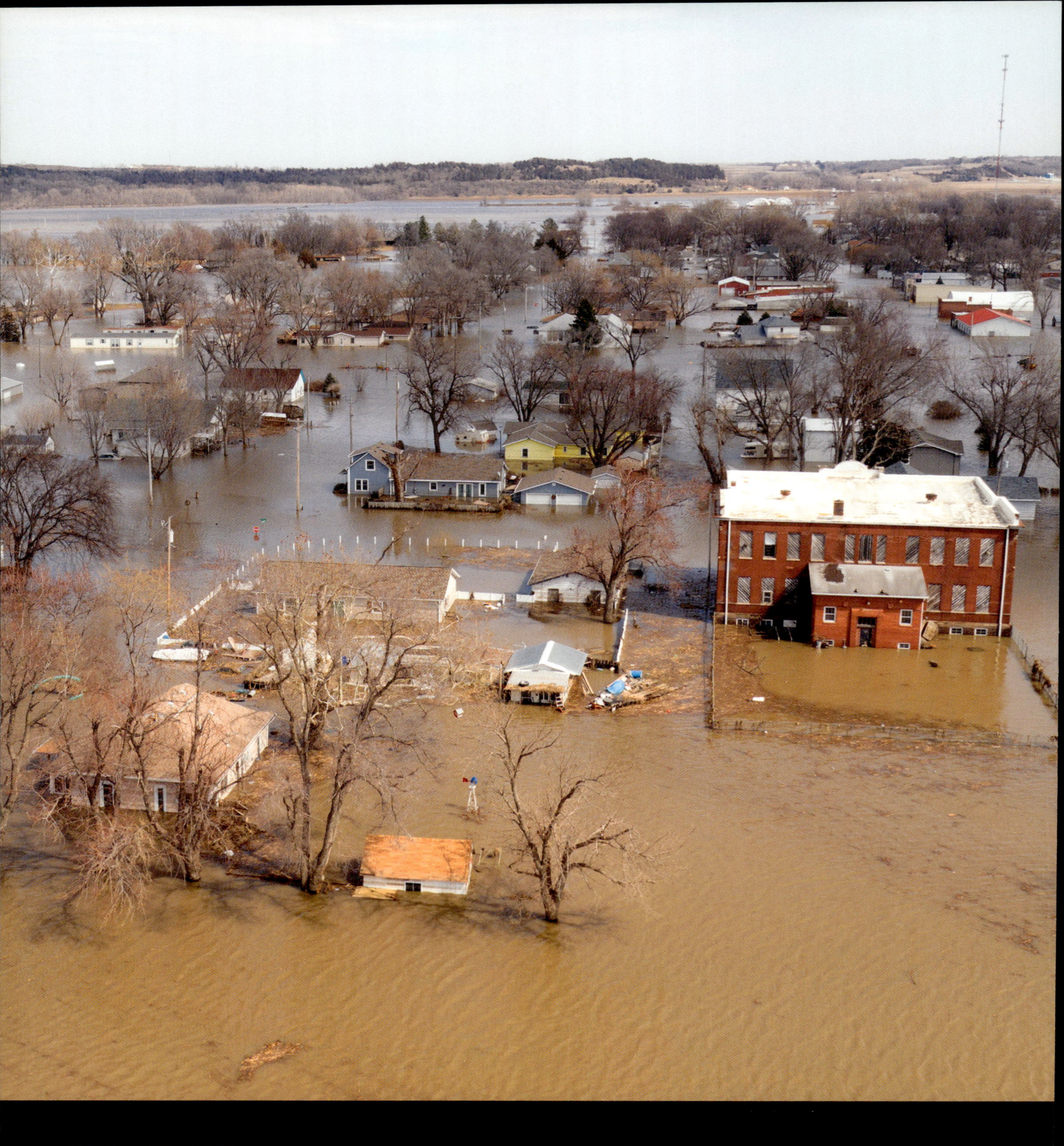

IOWA, USA 2019

Im Zeitraum von März bis Dezember 2019 erlebten Iowa und einige andere US-Bundesstaaten heftige Überflutungen. Etwa 14 Millionen Einwohner im Mittleren Westen und im Süden der USA waren davon betroffen. Nach starken Regenfällen und einer rasanten Schneeschmelze schwollen die Wasserläufe an und traten über die Ufer. Dicke Eisschichten auf den Flüssen behinderten das normale Abfließen und verschlimmerten die Lage zusätzlich.

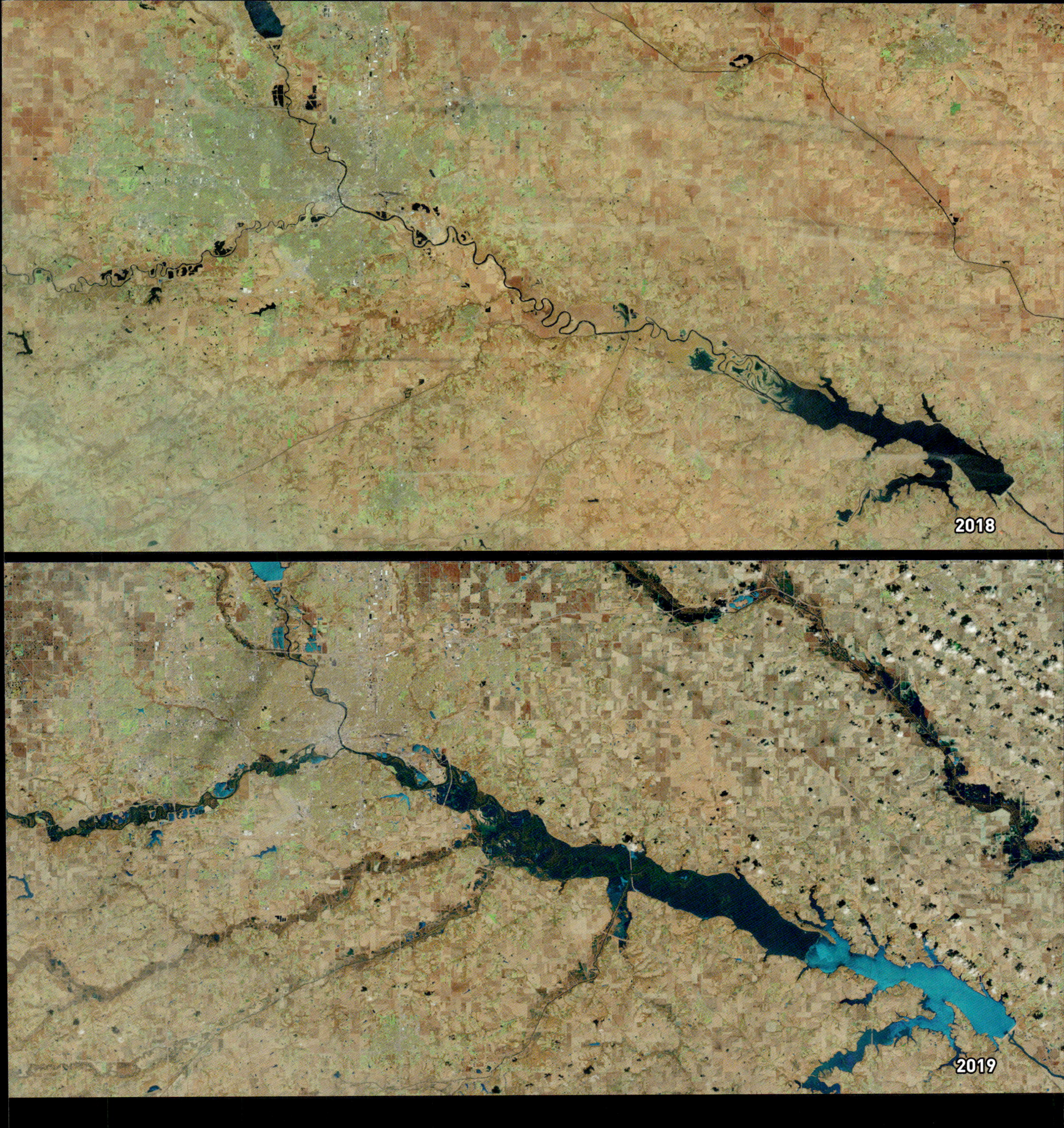

2018, 2019

Auf dem oberen Satellitenbild von März 2018 ist die Region zu sehen, bevor es zu den Überschwemmungen kam. Das untere Bild von März 2019 zeigt, wie die drei größten Flüsse in Iowa – Raccoon, Des Moines und South Skunk – über die Ufer getreten sind. Man sieht die immensen Mengen an Wasser (dunkelblau) und Eis (hellblau), die sich in den Flüssen hinter den Staudämmen aufgestaut haben.

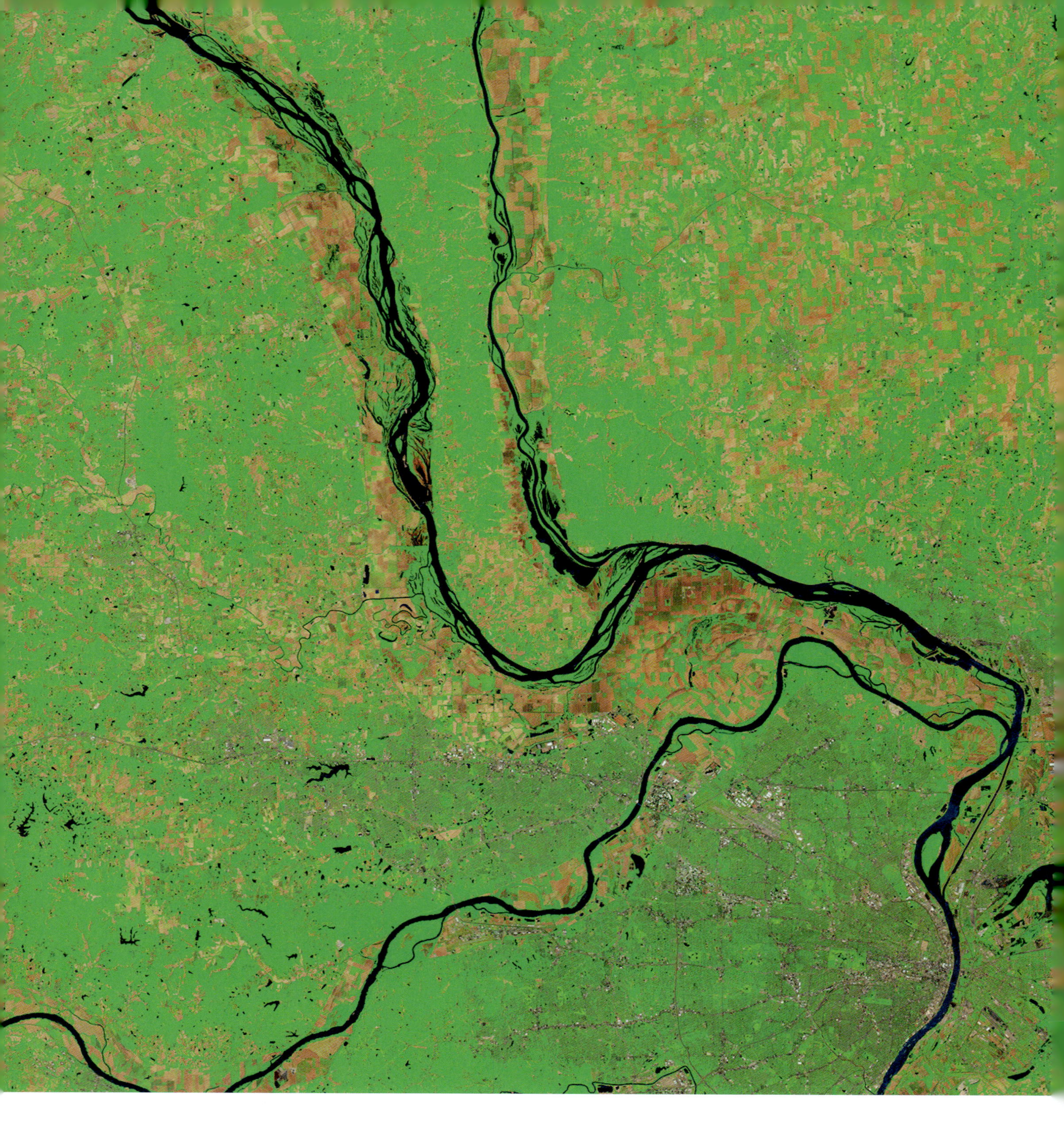

DIE FLÜSSE MISSISSIPPI UND ILLINOIS, USA 2018

Nach den Überschwemmungen in Iowa und in weiteren Staaten des Mittleren Westens der USA Anfang 2019 (vgl. die Seiten 196–197) traten auch die beiden Flüsse Mississippi und Illinois über die Ufer. An 18 Pegelstationen im Umkreis von 320 km um St. Louis, Missouri, wurde „großes Hochwasser" vermeldet und in Rock Island, Illinois, wurde mit einer Flusstiefe von 6,9 m ein neuer Rekord aufgestellt.

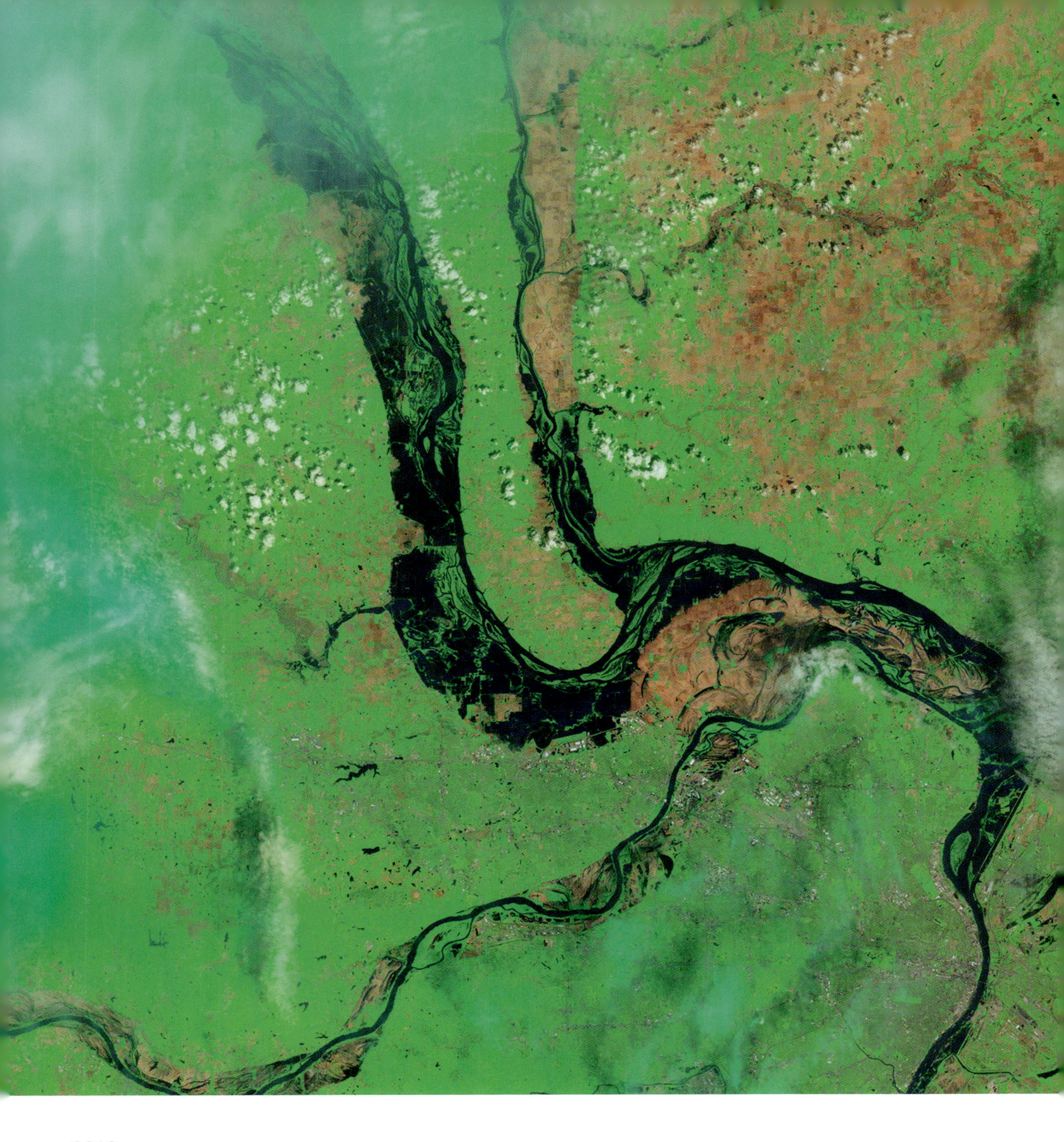

2019

Die Böden waren bereits von den ersten Überflutungen im März 2019 vollgesogen. Daher konnten sie kein Wasser mehr aufnehmen, als Ende April und im Mai heftige Regengüsse über der Region niedergingen und mehrere Bundesstaaten im Mittleren Westen und den Great Plains erneut überschwemmten. Das linke Satellitenbild zeigt die Flüsse Mississippi und Illinois im Juni 2018. Zum Vergleich sieht man rechts die Situation während des Hochwassers im Mai 2019.

KLOSTER WELTENBURG, BAYERN, DEUTSCHLAND 2003, 2005

Das Kloster Weltenburg, das auf die Zeit um 600 n. Chr. datiert wird, liegt in einer Donauschlinge unmittelbar am Flussufer und verfügt seit 1050 über eine Brauerei. Die beschauliche Benediktinerabtei ist ein beliebtes Ausflugsziel für Touristen. Als im August 2005 der Fluss um 7 m anstieg und das Kloster überschwemmte, blieb die Brauerei verschont.

2008, 2013

Immer wieder werden das Kloster und das umliegende Gelände von Hochwasser heimgesucht. 2006 installierten die Behörden einen Hochwasserschutz, um weitere Schäden durch zukünftige Überschwemmungen zu verhindern. Das Bild von 2013 zeigt, wie die Fluten das Kloster umschließen, aber nicht ins Gebäude eindringen. Im oberen Bild sieht man das Kloster 2008 bei Niedrigwasser.

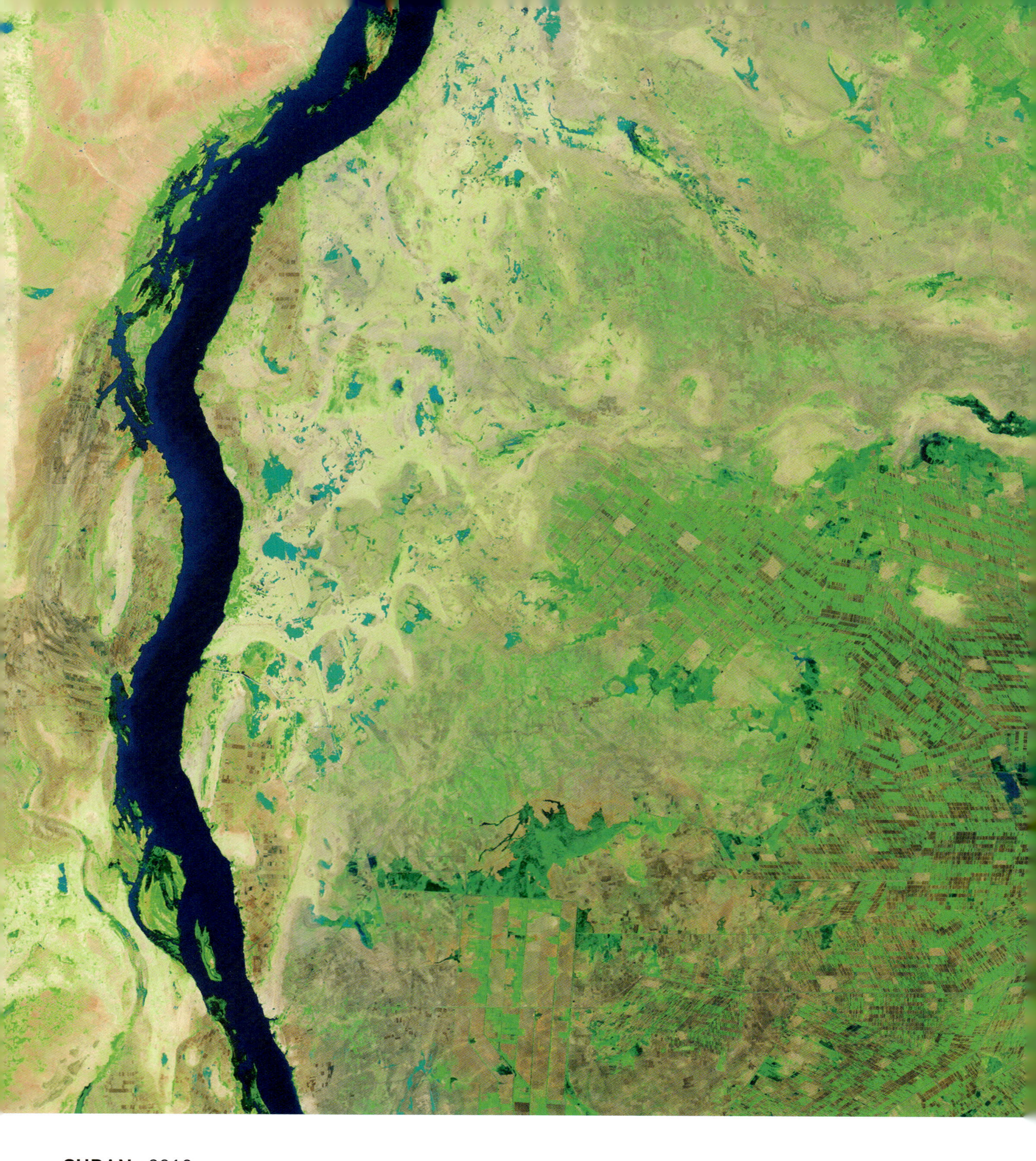

SUDAN 2018

Im August und September 2019 wurden 16 von insgesamt 18 Bundesstaaten des Sudan nach außergewöhnlich starken Regenfällen überflutet. Am schlimmsten traf es die Regionen südlich des Zusammenflusses von Weißem und Blauem Nil, darunter auch die Hauptstadt Khartum.

2019

Über 340 000 Bewohner wurden von Überschwemmungen heimgesucht. Viele Menschen kamen ums Leben, Zehntausende Häuser wurden zerstört. Die betroffenen Gebiete kämpften zudem mit gesundheitlichen Problemen, da sich Krankheiten wie Cholera in dem verunreinigten Wasser ausbreiteten.

IRAK 2015

Dieses Satellitenbild zeigt den Fluss Tigris im Irak im April 2015 in seinem Normalzustand. Der Irak litt 2018 unter einer schweren Dürre. Danach folgten jedoch ungewöhnlich nasse Monate im Winter und Frühling 2019, wodurch sich die Flüsse des Landes wieder auffüllten. Anfang des Jahres 2019 fielen zwei- bis dreimal so viele Niederschläge wie im Durchschnitt.

2019

Der Tigris führte im April 2019 viel mehr Wasser als sonst und wurde trüb. Grund für seine bräunliche Färbung waren die vielen Sedimente, die der breiter gewordene Fluss in der stärkeren Strömung mitriss. Die Landschaften in der Umgebung des breiten Flusses sind auch viel grüner als auf dem Bild von 2015 – ein Hinweis auf die erhöhte Fruchtbarkeit der Böden dank der vermehrten Regenfälle.

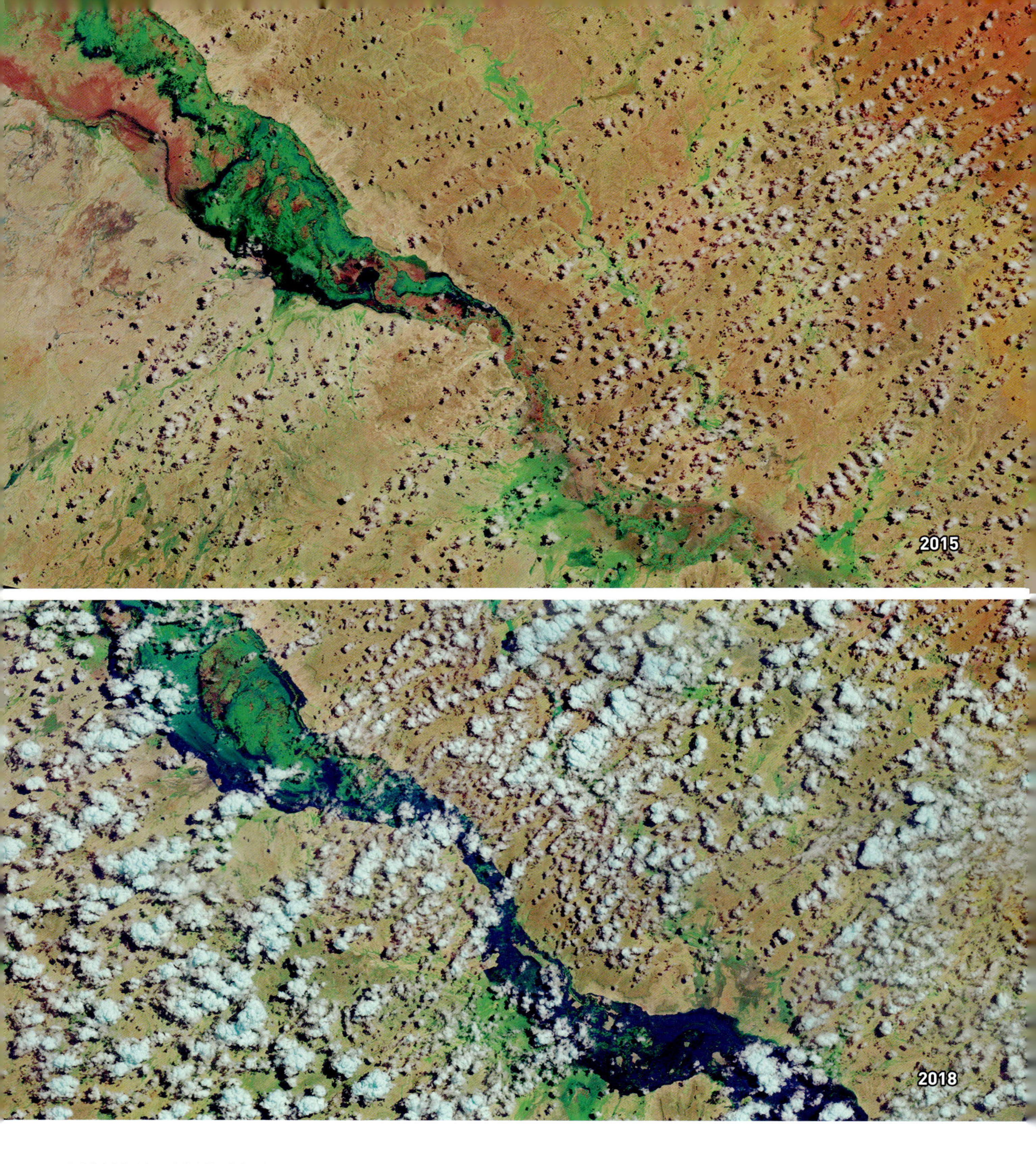

SOMALIA 2015, 2018

Weite Teile im ostafrikanischen Somalia waren im April 2018 von Überflutungen betroffen. Auch der Fluss Shabelle trat über die Ufer und verwüstete weite Teile des Landes. Das Hochwasser, das Häuser und Ernten zerstörte, war eines der schlimmsten, welches das Land je verzeichnete.

MOGADISCHU, SOMALIA 2018

Überall in Ostafrika war die Bevölkerung von den heftigen Regenfällen und Hochwasser betroffen. 120 000 Menschen mussten aus ihren Häusern am Fluss evakuiert werden. Auch dieses Gebäude in Mogadischu, der Hauptstadt Somalias, wurde von den Fluten des Shabelle erfasst.

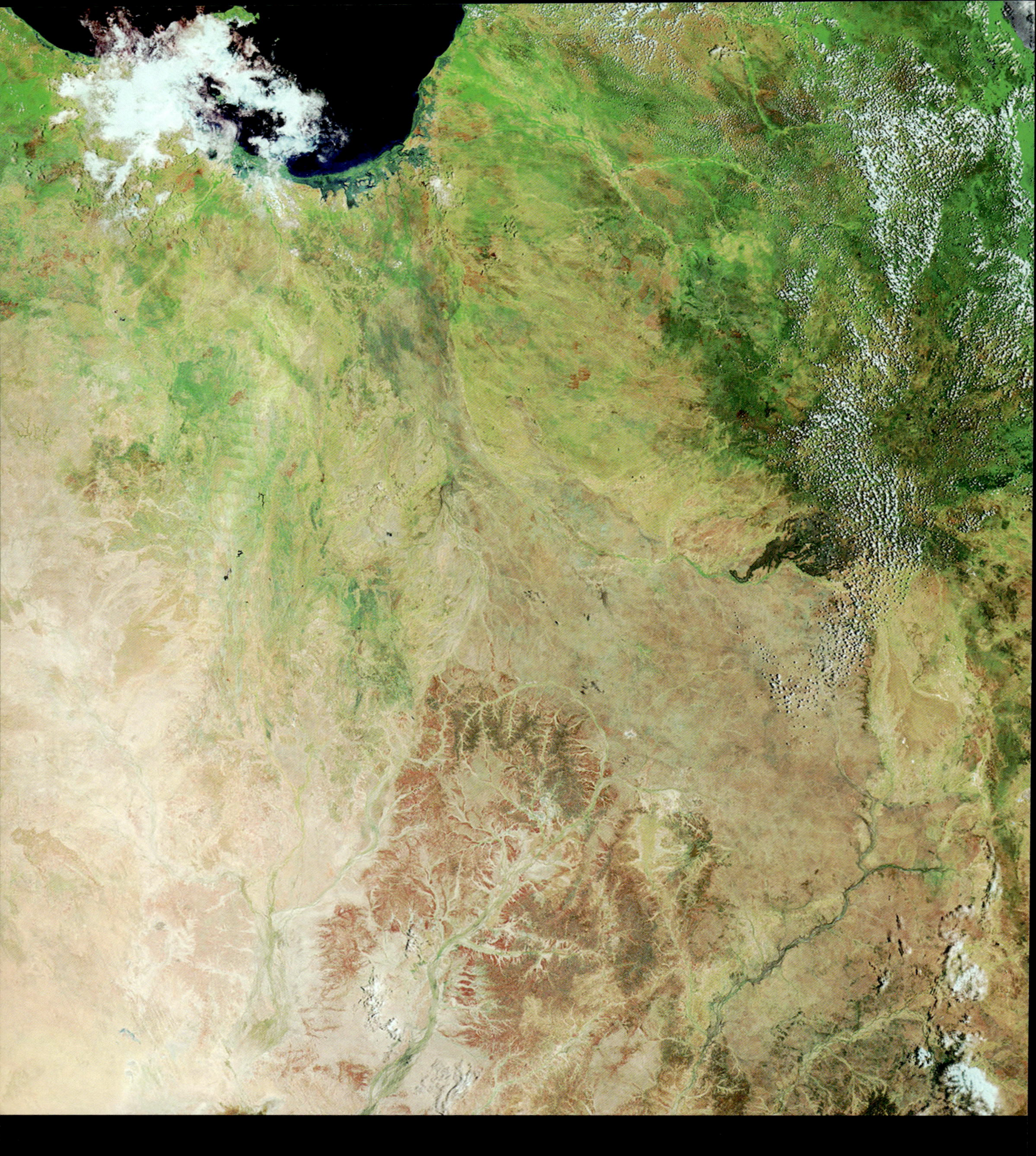

QUEENSLAND, AUSTRALIEN JANUAR 2019

Dauerregen überflutete Anfang 2019 den ostaustralischen Bundesstaat Queensland fast vollständig. Mancherorts fielen binnen zwei Wochen bis zu 550 Liter/m^2. Die beiden Satellitenbilder vergleichen die Region am 7. Januar und am 10. Februar, also vor und nach den heftigen Regenfällen.

FEBRUAR 2019

Über Jahre hinweg hatten die Farmer auf dem Land bereits gegen die Dürre angekämpft und in unermüdlicher Arbeit ihre Ernte und ihr Vieh am Leben gehalten. Nun verwüstete die Flutkatastrophe von 2019 viele Felder und vernichtete komplette Rinderherden.

VERSCHMUTZTE LUFT

Anreicherung der Luft mit Substanzen, die eine schädliche oder giftige Wirkung haben.

Smog in Los Angeles, Kalifornien, USA

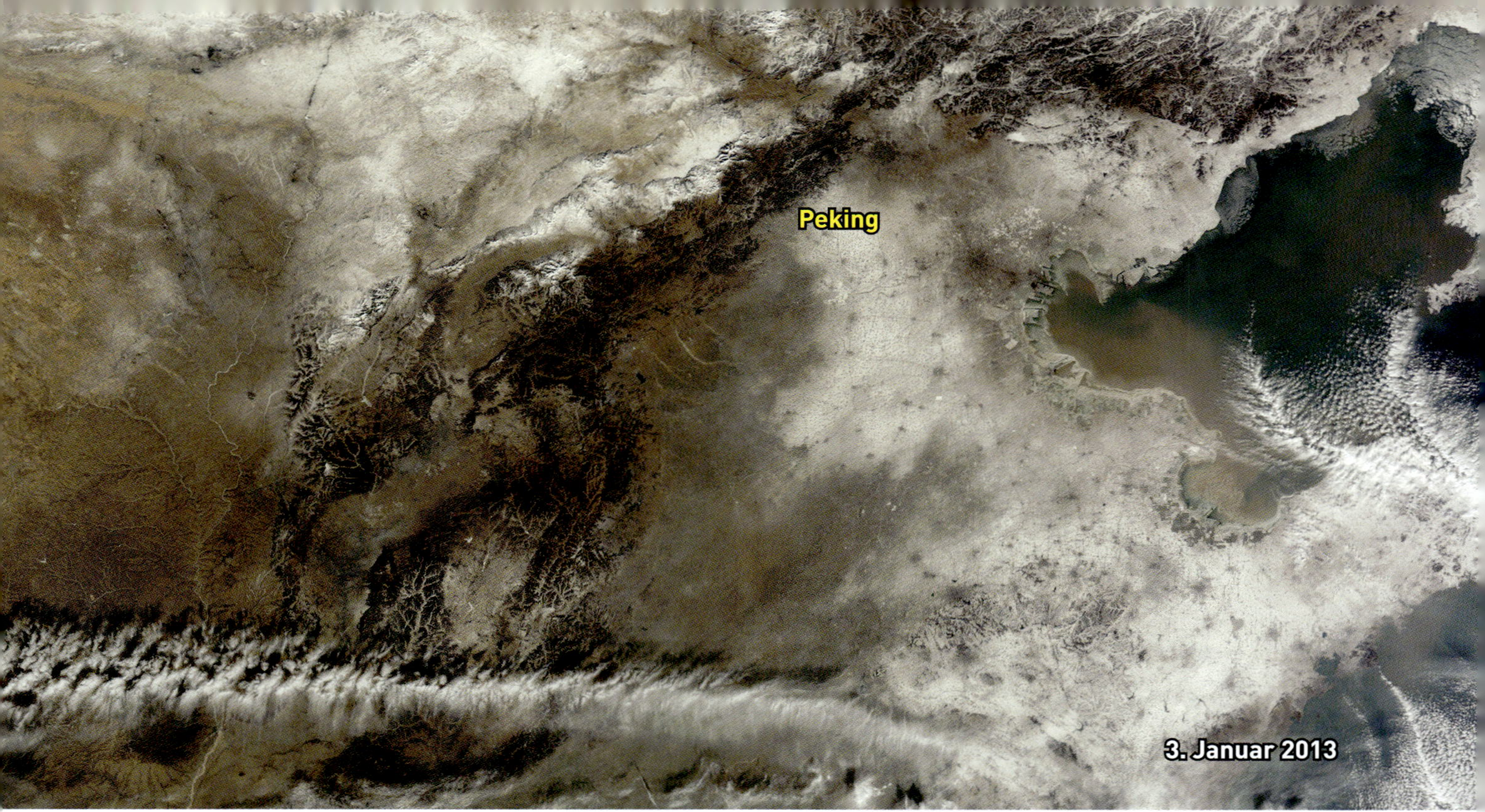

PEKING, CHINA 2013

Im Januar 2013 wurden die Bewohner Pekings und anderer Großstädte in China angewiesen, in ihren Häusern zu bleiben, nachdem sich die Luftqualität massiv verschlechtert hatte. Das untere Satellitenbild vom 14. Januar 2013 zeigt breitflächigen Dunst, tief hängende Wolken und Nebelschwaden über der Region. Selbst über wolkenlosen Gebieten hängt der Smog.

Auf diesem Foto vom Januar 2013 ist das Tor des Himmlischen Friedens kaum noch zu erkennen. Die Fabriken wurden in jenem Jahr von der chinesischen Regierung aufgefordert, ihre Emissionen zu verringern, nachdem die Krankenhäuser einen 20- bis 30-prozentigen Anstieg von Patienten mit Atemwegserkrankungen gemeldet hatten.

LIMA, PERU 2019

Viele Städte in Südamerika zählen zu den größten Luftverschmutzern der Erde. Vor allem Lima, die Hauptstadt Perus, hat eine sehr schlechte Luftqualität vorzuweisen.

2019 schätzte man, dass die hohen Emissionswerte von schädlichem Stickstoffdioxid, verursacht durch die Fahrzeuge im Straßenverkehr, bei etwa 690 von 100 000 Kindern Atemwegserkrankungen auslösen. Am häufigsten kommt es zu Asthma.

POLEN 2019

Polen gehört zu den Ländern Europas mit der schlechtesten Luftqualität. Von den 100 europäischen Städten mit der größten Luftverschmutzung lagen 2019 rund ein Viertel in Polen. In vielen polnischen Städten erreichte der $PM_{2,5}$-Wert, d. h. der in die Lungen gelangende Feinstaub, der viele Atemwegsprobleme verursacht, eine gefährliche Grenze. Zehntausende Todesfälle werden auf die miserable Luftqualität zurückgeführt. Die Verwendung veralteter häuslicher Brennöfen ist etwa zu 50 Prozent für die schlechte Luftsituation in Polen verantwortlich.

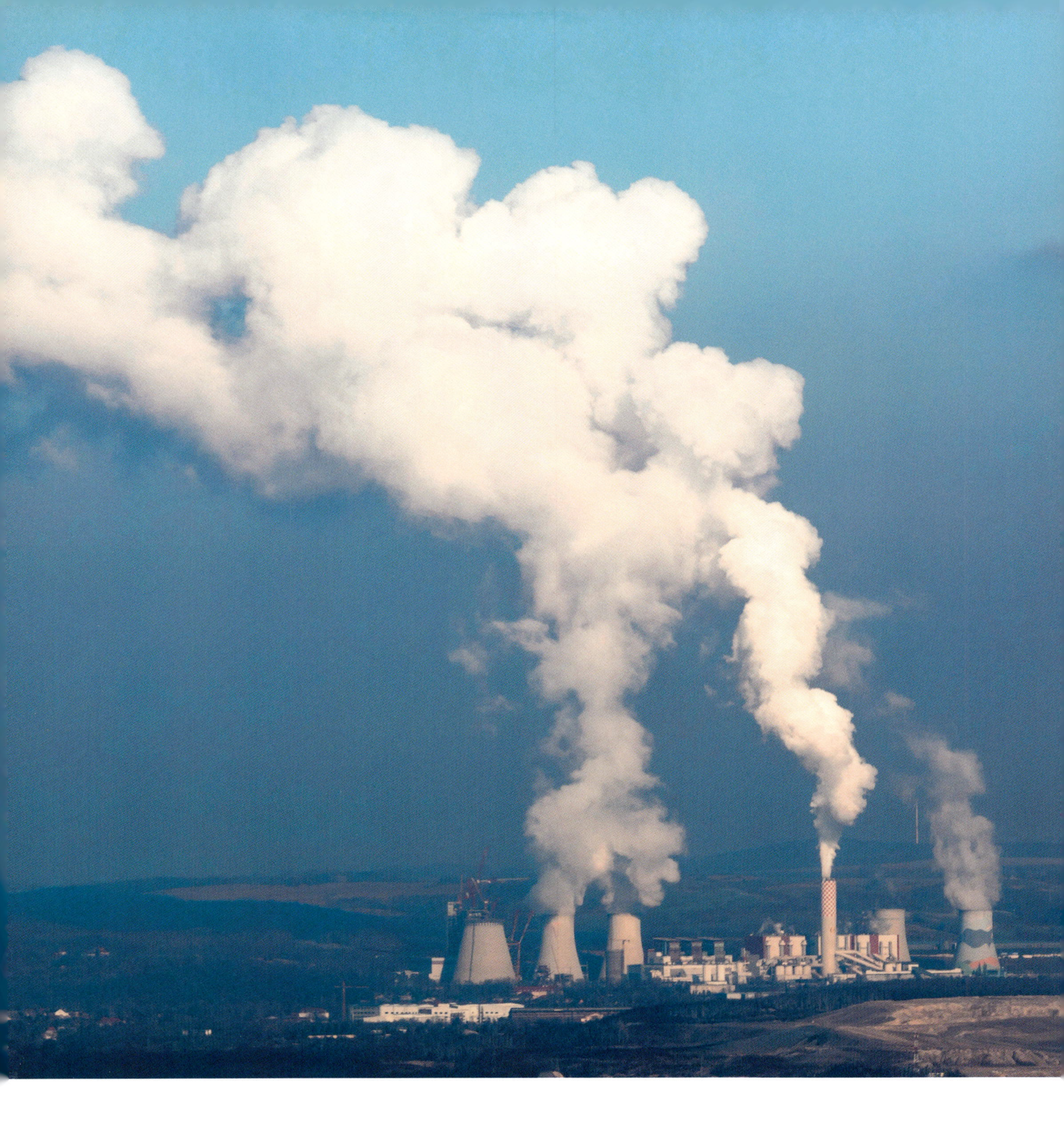

Vier Millionen Haushalte heizen mit Kohle- und Holzöfen, die ihre Schadstoffe in die Atmosphäre blasen (Bild oben links). Die polnische Regierung investiert Milliarden in die Suche nach saubereren Wärmequellen, als Alternative zur traditionellen Kohleheizung. Kohle ist jedoch nicht nur ein Problem der polnischen Privathaushalte. Landesweit sind viele Kraftwerke auf Kohle angewiesen. Das Bild rechts zeigt ein Kohlekraftwerk in Turów, das rund 8 Prozent des Stroms für Polen erzeugt.

BANGLADESCH 2019

Die Ziegelproduktion ist für die Industriebranche in Bangladesch von großer Bedeutung. Rund eine Million Menschen stellen jährlich ungefähr 23 Milliarden Ziegelsteine her, wozu landesweit an die 7 000 Brennöfen in Einsatz kommen.

Selbst wenn die Regierung für die Verwendung von Ziegelbrennöfen mit besseren Emissionswerten wirbt, landete Bangladesch im Jahr 2019 wieder auf Platz eins der Länder mit der weltweit gravierendsten Luftverschmutzung.

Der Feinstaub und die Rußpartikel aus holz- und kohlebefeuerten Öfen sind für weit mehr als die Hälfte der Luftverschmutzung in Bangladesch verantwortlich. Auch in der Hauptstadt Dhaka sorgen die Ziegeleien für extrem schlechte Luft. Dazu kommen die giftigen Emissionen aus dem Straßenverkehr und der Verbrennung von Abfällen. Die Umweltverschmutzung stellt Bangladesch unübersehbar vor immense Herausforderungen.

ABGEHOLZTE WÄLDER

Das Fällen vieler Bäume, oft illegal und unkontrolliert, zur Schaffung von Freiflächen für die Landwirtschaft oder Industrie.

Brände im Amazonas-Regenwald

SANTA CRUZ, BOLIVIEN, SÜDAMERIKA 2020

Seit etwa 40 Jahren wird die Entwaldung im Departamento Santa Cruz in Bolivien massiv vorangetrieben. Weite Teile des tropischen Trockenwaldes wurden gerodet, um neue

ist dies vor allem auf ein landwirtschaftliches Entwicklungsprogramm, das die Bewohner der höher gelegenen, einsamen Andenregionen dazu ermutigte, in das bolivianische Tiefland

Im relativ flachen Tiefland von Santa Cruz, das mit ausreichend Niederschlägen gesegnet ist, herrschen gute Bedingungen für die Landwirtschaft. Dieses Satellitenbild zeigt eine früher dicht bewaldete Region, die mittlerweile gerodet wurde, um den kleinen Agrarsiedlungen Platz zu schaffen, die vielerorts sichtbar sind.

JEONGSEON ALPINE CENTRE, SÜDKOREA 2013–2018

Im Jahr 2018 fungierte Südkorea als Gastgeber der Olympischen Winterspiele. Für die zahlreichen Veranstaltungen musste ein neues Wintersportgebiet errichtet werden, das oben im Bild zu sehen ist. Viele Menschen in Südkorea waren wütend auf die Organisatoren, denn für das Sportzentrum wurde der 500 Jahre alte Bergwald an den Hängen des Berges Gariwang geopfert.

BERG GARIWANG, SÜDKOREA 2013, 2018

Das obere dieser beiden Satellitenbilder zeigt den Berg Gariwang im Jahr 2013 vor Baubeginn. Auf dem unteren Bild aus dem Jahr 2018 sieht man das gleiche Gebiet, nachdem 58 000 Bäume gefällt wurden. Südkoreanische Aktivisten warnten vor einer ökologischen Katastrophe und der Zerstörung des Ökosystems am Berg Gariwang als Folge der rücksichtslosen Rodung des Waldes.

OST-RONDÔNIA, BRASILIEN 1986

Der Bundesstaat Rondônia im Westen Brasiliens ist eine der am stärksten gerodeten Regionen am Amazonas. Von dem einst über 200 000 km² großen Regenwald in Rondônia wurden bis 2003 schätzungsweise 67 769 km² abgeholzt. Die Satellitenbilder von 1986 und 2001 zeigen die östlichen Regionen des Bundesstaates und die radikalen landschaftlichen Veränderungen binnen 15 Jahren.

2001

Überall auf der Welt verschwinden große Tropenwälder, um der Viehzucht und dem Ackerbau Platz zu schaffen, und der Amazonas-Regenwald macht da keine Ausnahme. Die Zerstörung natürlicher Ökosysteme führt nicht nur zum Verlust von Pflanzen- und Tierarten, sondern trägt wegen der drastischen Verringerung der Waldflächen auch wesentlich zum Klimawandel bei.

SABAH, BORNEO 2017

Während vor 100 Jahren Borneo größtenteils von dichtem Regenwald bedeckt war, ist heute nur noch ungefähr die Hälfte der Inselfläche bewaldet. Naturschützer sprechen von ca. 13 000 km^2 Wald, die jedes Jahr auf der Insel vernichtet werden. Dies hat zur Folge, dass auf Borneo in wenigen Jahren kaum noch Regenwälder übrig sein werden. Hauptursache für diese massive Abholzung ist die Produktion von Palmöl, das in der weltweiten Öl- und Fettindustrie eine große Rolle spielt.

Dieses Bild zeigt eine Palmölplantage im Bundesstaat Sabah auf Borneo. Die Waldrodungen für die Palmölproduktion betrugen 1985 etwa 6 000 km^2 und stiegen bis zum Jahr 2007 auf über 60 000 km^2 an. Die Vernichtung des tropischen Regenwaldes zerstört außerdem die natürlichen Lebensräume zahlloser dort beheimateter Pflanzen- und Tierarten.

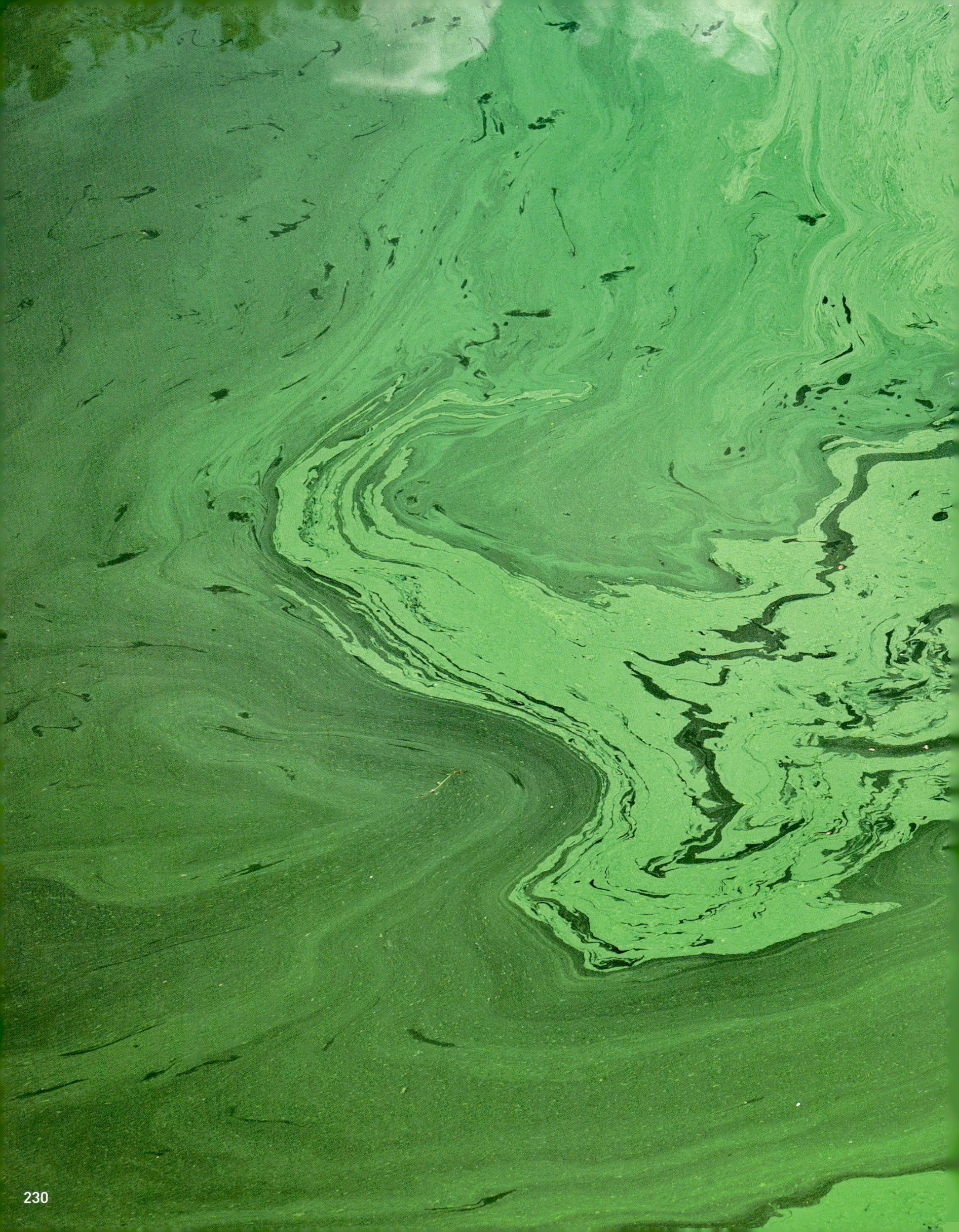

GESTÖRTE ÖKOSYSTEME

Veränderungen der normalen Bedingungen eines Ökosystems, auch infolge des Klimawandels, wodurch die dortigen Lebewesen beeinträchtigt werden.

Blaugrüne Algen, Puy-de-Dôme, Frankreich

GREAT BARRIER REEF, AUSTRALIEN 2010

Das Great Barrier Reef erstreckt sich im Osten Australiens etwa 2300 km weit vor der Küste von Queensland. Leider reagiert das gesamte Korallenriff in den letzten Jahren immer stärker auf die globale Erwärmung, was an ihrem gebleichten Aussehen zu erkennen ist.

Für die Korallenbleiche sind mehrere Faktoren verantwortlich. Der Klimawandel spielt dabei eine maßgebliche Rolle.

2020

2020 wurde das Great Barrier Reef innerhalb von fünf Jahren zum dritten Mal großflächig von einer Korallenbleiche heimgesucht. Korallen leben in enger Symbiose mit Algen. Bei steigenden Meerestemperaturen geraten Korallen und Algen in Stress, was dazu führt, dass die Korallen die Algen abstoßen und bleich werden. Die ausgebleichten Korallen sind zunächst nicht tot. Wenn jedoch die Temperaturen des Ozeans weiterhin hoch bleiben, sterben die Korallen schließlich ab. Damit sind auch die Lebensräume vieler maritimer Tier- und Pflanzenarten ausgelöscht.

URMIASEE, IRAN 2016

Der im Iran gelegene Urmiasee war einmal der sechstgrößte Salzwassersee der Erde. Bis Ende 2017 reduzierte er sich auf etwa zehn Prozent seiner ursprünglichen Größe. Zum Teil ist dafür die lang anhaltende Dürre im Iran verantwortlich. Doch auch die massive Wasserentnahme und der verstärkte Bau von Staudämmen an den Zuflüssen des Urmiasees spielen eine Rolle.

2016 veränderte der See seine normalerweise grünliche Farbe und wurde rot. Zu diesem Phänomen kommt es typischerweise in trocken-heißen Perioden, wenn bedeutend mehr Wasser verdunstet und der Salzgehalt des Sees ansteigt. Die dadurch veränderte Zusammensetzung von Algen und Bakterien im See wirkt sich wiederum auf die Farbe des Wassers aus.

UNTERLAUF DES MEKONG, SÜDOSTASIEN 2015

Der Fluss Mekong ist für Millionen von Menschen in Südostasien eine bedeutende Lebensader. Eigentlich verfügt der Mekong über gesunde Fischbestände. Außerdem verteilt die rasche Strömung die Sedimente in der Region, was die Bodenqualität stärkt und den Bauern zugute kommt. Die Sedimente verleihen dem Mekong gewöhnlich eine schlammig-braune Farbe, wie auf dem obigen Bild zu erkennen. Ende 2019 bemerkte man im Norden Thailands jedoch, dass der Unterlauf des Mekong seine Farbe wechselte und immer türkisfarbener wurde.

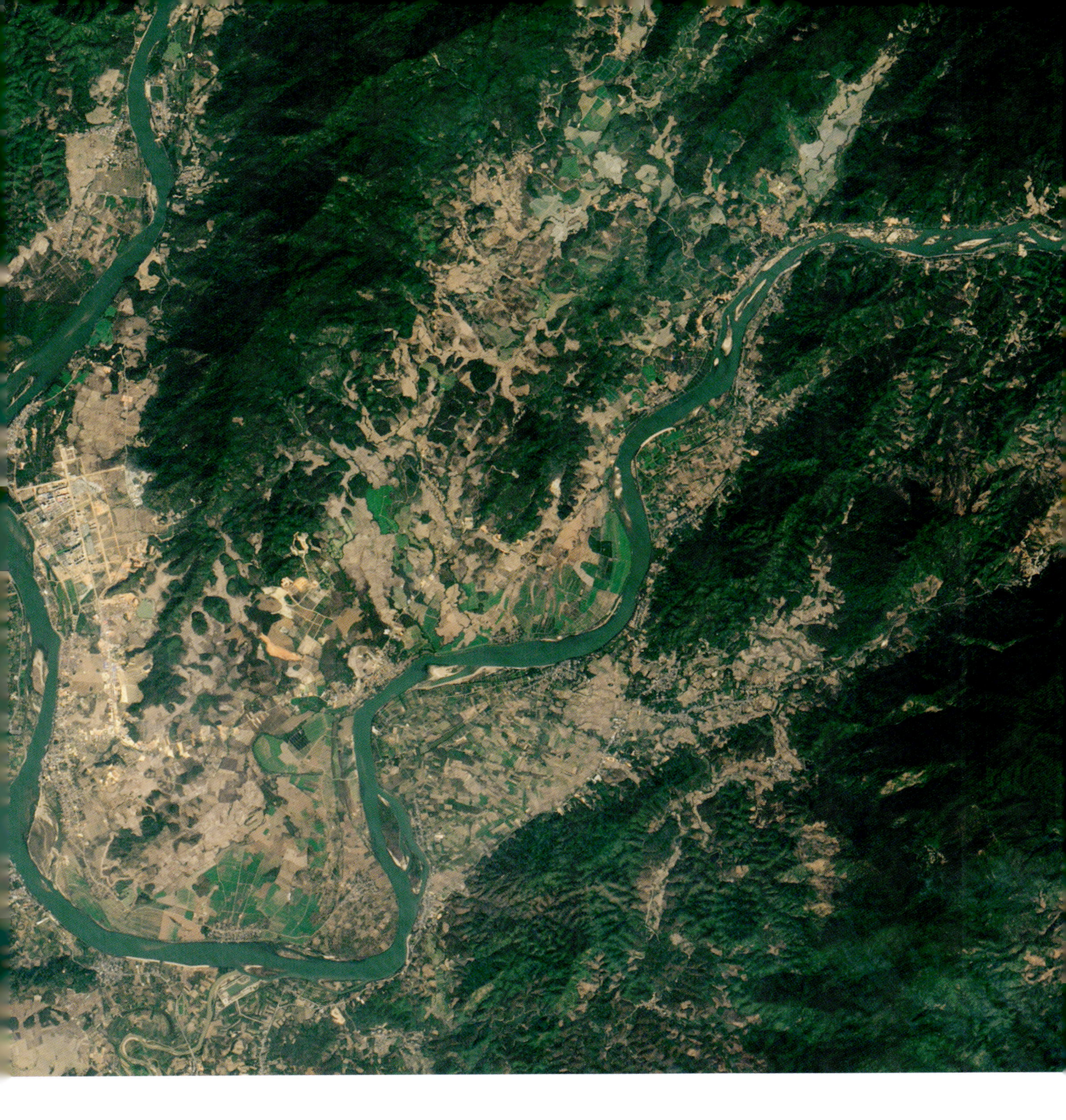

2020

Die Türkisfärbung breitete sich langsam im Unterlauf des Mekong aus. Experten führen diese Farbveränderung darauf zurück, dass der Mekong im Vergleich zu sonst viel flacher ist und langsamer fließt. Feinere Sedimente gehen dadurch verloren und das Wasser wird klarer, was wiederum Bedingungen schafft, die den Algen das Wachstum erleichtern. Der geringere Wasserstand wird vermutlich zum Teil durch die Dürre infolge des globalen Temperaturanstiegs verursacht, zum Teil aber auch durch große Staudammprojekte.

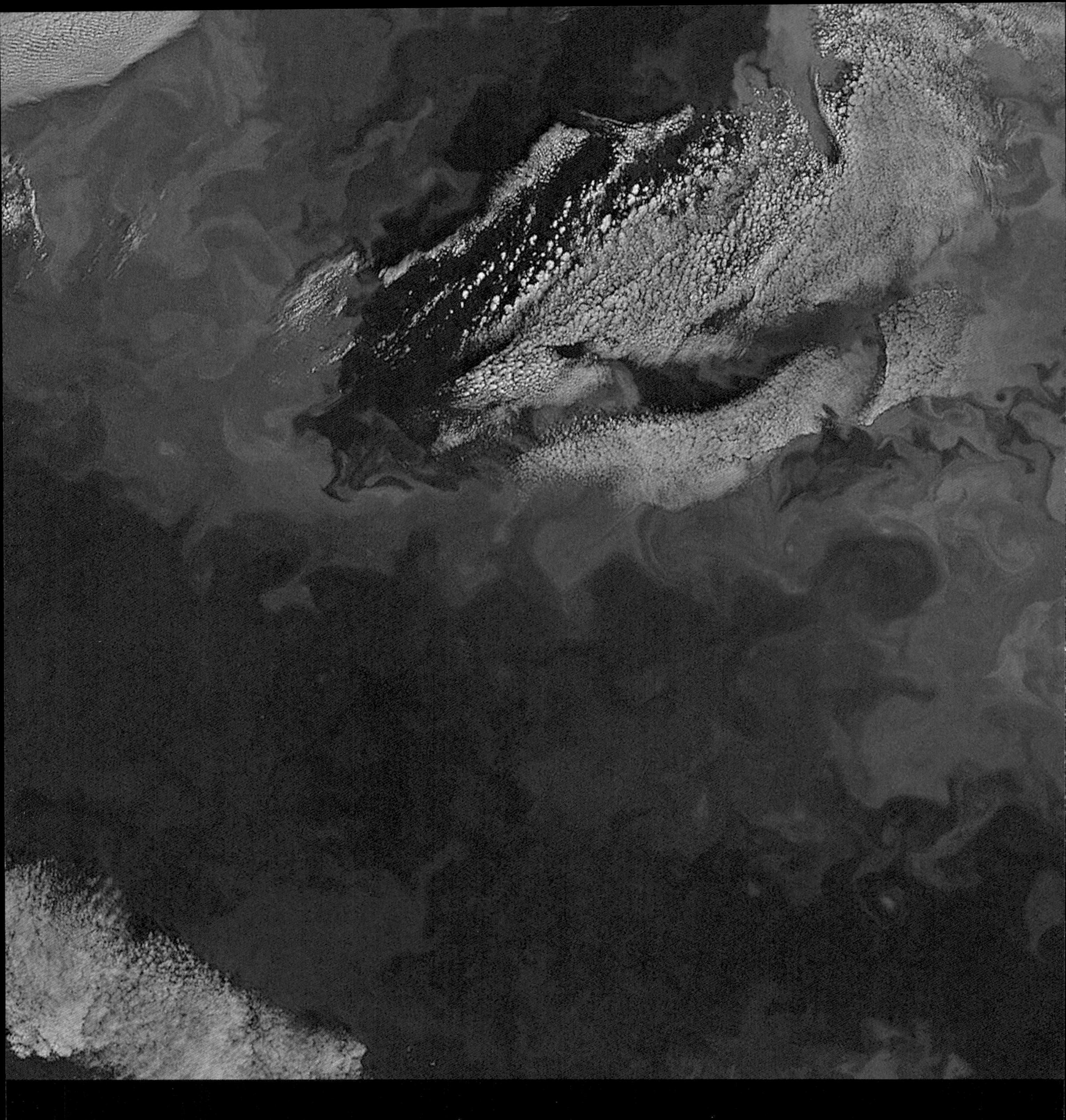

BARENTSSEE, ARKTISCHER OZEAN 2010

Während der Blütezeit des Phytoplanktons in der Barentssee entstehen jedes Jahr im August vor der russischen und skandinavischen Küste Muster in vielen Farben, die von Weltraumsatelliten zu sehen sind. Ausgelöst werden diese durch das je nach Gebiet in verschiedenen Arten und Konzentrationen vorhandene Phytoplankton. Das sieht zwar hübsch aus, doch Wissenschaftler sehen es als Warnung dafür, dass dringend etwas gegen die globale Erwärmung getan werden muss. Wenn wir den Ausstoß der Treibhausgase nicht verringern, werden sich die Ozeane immer stärker verfärben.

Es gibt sehr viele verschiedene Arten von Phytoplankton, die sich dem Wassertyp ihres jeweiligen Lebensraums anpassen. Mit der Änderung der Meerestemperatur wandelt sich auch die Zusammensetzung des Phytoplanktons. Einige Arten gehen zurück, andere blühen auf oder wandern in Gebiete ab, deren Bedingungen ihren Bedürfnissen besser entsprechen. Somit geht mit dem Anstieg der Meerestemperaturen auch ein verändertes Farbenspiel der Ozeane einher.

UNGEWÖHNLICHE TRENDS

Orte, Gebiete und Länder, in denen außergewöhnliche Tendenzen und Veränderungen auftreten – ob durch den Menschen oder die Natur bedingt.

Sauberere Kanäle während des Corona-Lockdowns in Venedig, Italien

INDIA GATE, NEU-DELHI, INDIEN NOVEMBER 2019

Ende März 2020 ordnete Indien einen landesweiten Lockdown an, um die Ausbreitung von Covid-19 zu verlangsamen und aufzuhalten. Mit der Einstellung der Aktivitäten von rund 1,3 Milliarden Menschen gingen nicht nur die Corona-Infektionszahlen zurück. Auch die Umweltverschmutzung reduzierte sich im ganzen Land.

APRIL 2020

Die Ausgangssperre in Neu-Delhi brachte eine merkliche Verbesserung der Luftqualität mit sich, sodass die Wahrzeichen der Hauptstadt viel klarer zu erkennen waren. Die beiden Bilder zeigen links das India Gate vor dem Ausbruch der Coronapandemie und rechts während des Lockdowns.

SLOVENSKA CESTA, LJUBLJANA, SLOWENIEN 2015

2007 leitete die slowenische Hauptstadt Ljubljana ein urbanes Entwicklungsprogramm ein, das sie bis zum Jahr 2025 in eine nachhaltigere, lebenswertere Umgebung verwandeln soll. Wie viele andere Städte auf der Welt, richtete auch Ljubljana in der Innenstadt verkehrsberuhigte Zonen ein, um die schädlichen CO_2-Emissionen und Verkehrsstaus zu verringern, die zur globalen Erwärmung und Luftverschmutzung beitragen.

Seit dem Jahr 2007 sind die verkehrsberuhigten Areale im historischen Stadtkern von Ljubljana um 620 Prozent auf eine Fläche von heute rund 100 000 m² angewachsen. Zu den Entwicklungsprojekten gehört auch die Slovenska Cesta, oben im Bild. Die Hauptverkehrsstraße wurde komplett saniert und ist nur noch für Fußgänger, Radfahrer und öffentlichen Busverkehr zugelassen.

URMIASEE, IRAN 2018

Seit Mitte der 1990er-Jahre wird der Urmiasee immer kleiner. Das Umweltprogramm der Vereinten Nationen meldete, dass die Fläche des Urmiasees, die in Hochwasserzeiten 6 100 km^2 betrug, im Jahr 2013 auf etwa 700 km^2 geschrumpft ist.

2019

Extreme Wetterwechsel werden immer häufiger. Auch die sintflutartigen Regenfälle im Herbst 2018 und Frühjahr 2019, die den Urmiasee wieder auffüllten und viele iranische Ortschaften verwüsteten, sind wahrscheinlich von der globalen Klimaerwärmung beeinflusst.

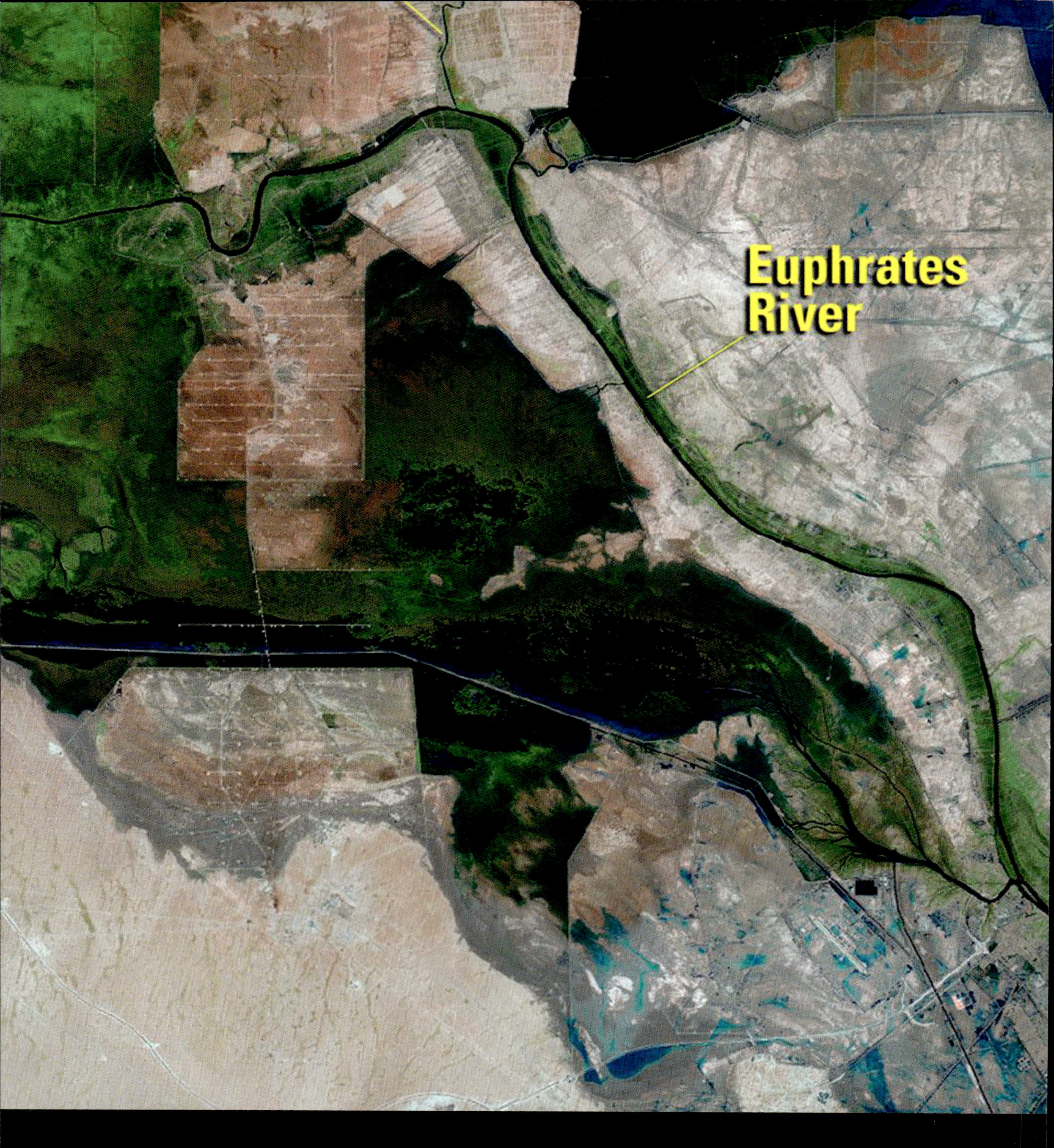

SÜDLICHER IRAK 1986

Das Marschland im Südirak wurde von der UNESCO zum Weltnaturerbe erklärt und erholt sich seit einigen Jahren allmählich wieder, dank der Bemühungen um die Wiederherstellung der Feuchtgebiete. Noch bis in die 1970er-Jahre hinein erstreckte sich die südirakische Marschlandschaft rund um den Euphrat auf einem Gebiet von über 20 000 km^2.

2019

Zwischen den 1980er-Jahren und 2001 führten staatlich finanzierte Projekte zu einer enormen Wasserknappheit in der Region und die Sumpflandschaft war bis Anfang 2000 auf weniger als ein Zehntel ihrer einstigen Fläche geschrumpft. Wenn die Fortschritte der Restaurierung des Marschlandes andauern, könnten die Feuchtgebiete eines Tages in ihren früheren Zustand zurückkehren.

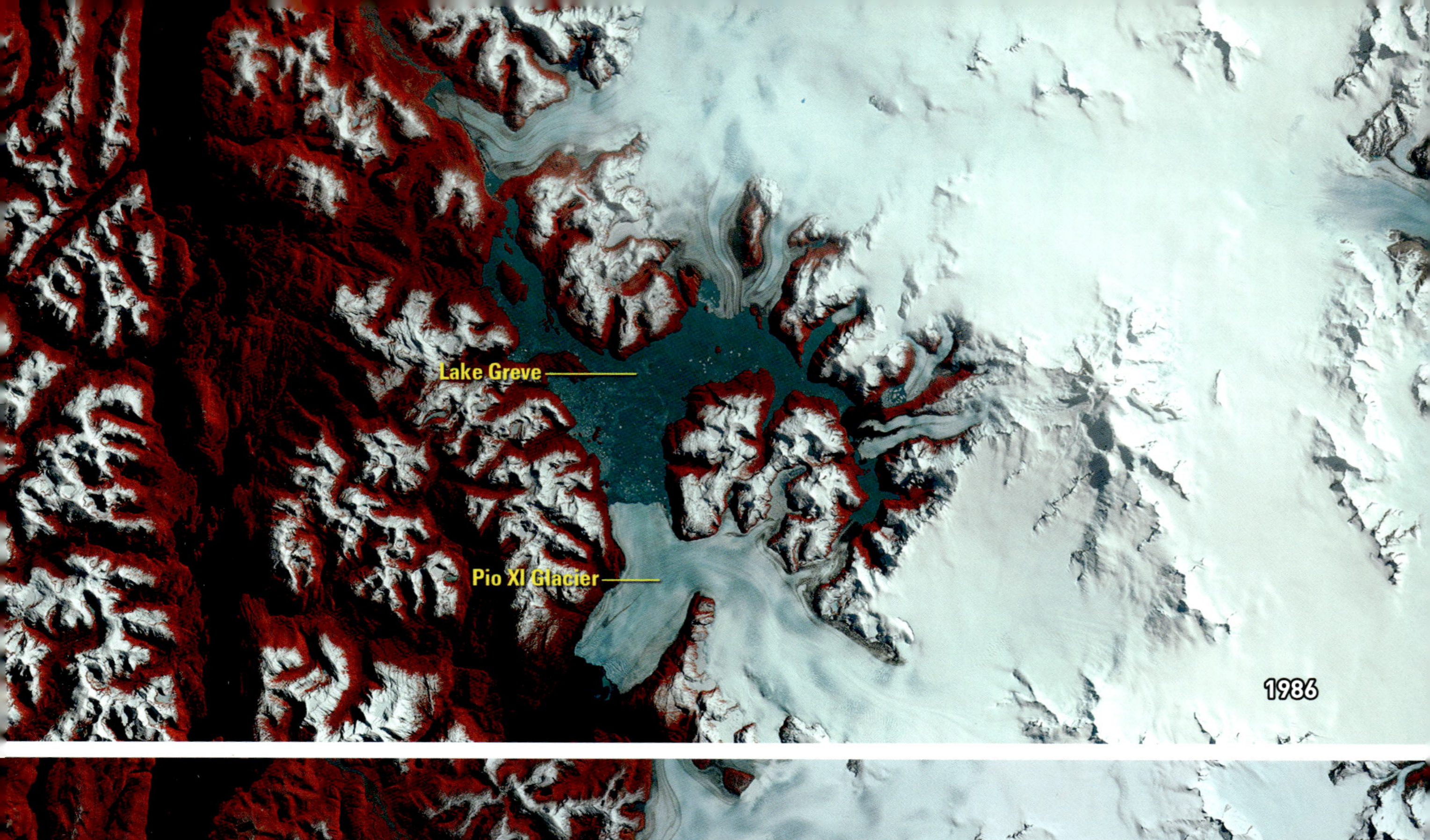

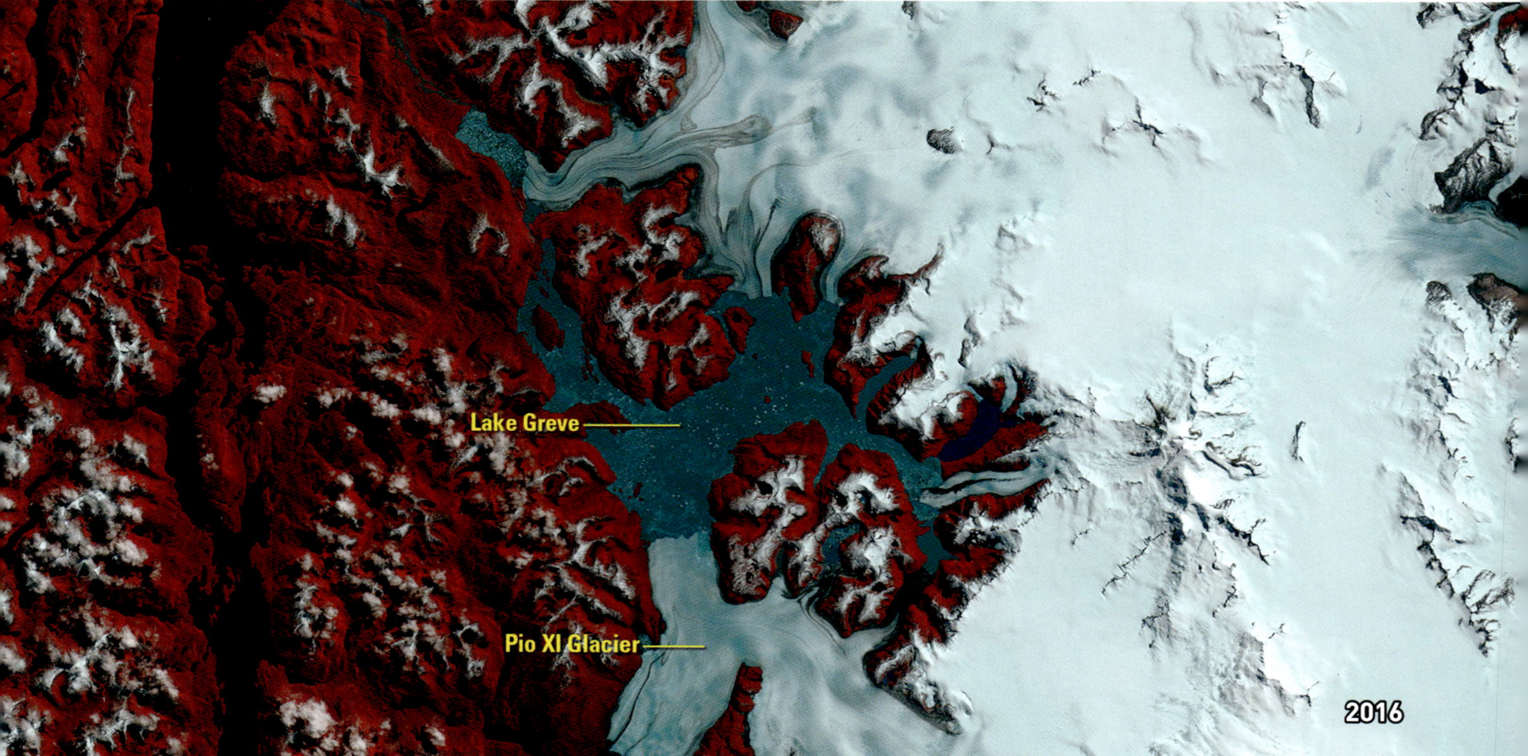

BRÜGGEN-GLETSCHER, SÜDPATAGONISCHES EISFELD, CHILE 1986, 2016

Wie im Kapitel über die Gletscherschmelze (S. 54–77) erläutert, schrumpfen die allermeisten Gletscher der Erde. Als unmittelbare Folge des Temperaturanstiegs auf unserem Planeten verlieren sie in der Regel an Volumen und ziehen sich zurück. Anders der im Südpatagonischen Eisfeld gelegene Brüggen-Gletscher, der auch unter dem Namen Pío-XI-Gletscher bekannt ist. Er scheint sich diesem Trend zu widersetzen und dehnt sich aus.

2016

Zwischen 1998 und 2014 rückte die Südfront des Brüggen-Gletschers um 593 m weiter vor und die in den See Greve mündende Nordfront wuchs um 107 m. Wissenschaftler wissen nicht genau, warum der Brüggen-Gletscher anwächst. Vermutet wird ein Zusammenhang mit den Aktivitäten, die sich im Inneren oder unterhalb des Gletschers abspielen. Auch die Fließgeschwindigkeit des Gletschers und die Tiefe des Sees Greve könnten eine Rolle spielen.

TRINITY LAKE, KALIFORNIEN, USA 2015

Der kalifornische Trinity Lake ist der drittgrößte Stausee des US-Bundessstaates. In den letzten zehn Jahren hat die Dürre in Kalifornien dem See enorm zugesetzt. Dieses Bild vom April 2015 zeigt Kalifornien inmitten einer fünf Jahre anhaltenden Dürre. Die Auslastung des Stausees lag in dieser Zeit lediglich bei 59 Prozent, verglichen mit dem Durchschnitt der vorangegangenen Jahre.

2017

Bei der beigefarbenen Umrandung, die der Stausee auf dem linken Satellitenbild von 2015 aufweist, handelt es sich um Sand- und Sedimentablagerungen, die der schrumpfende Stausee freilegte. Das rechte Bild vom April 2017 zeigt den Stausee nach heftigen Regenfällen. Zum Zeitpunkt der Aufnahme lag er bei 114 Prozent seines durchschnittlichen historischen Pegelstands.

INDEX

BILDNACHWEISE

6–7	Gail Johnson / Shutterstock
8	Newscom / Alamy Stock Photo
9	Xinhua / Alamy Stock Photo
10	Claudia Weinmann / Alamy Stock Photo
11	ZUMA Press, Inc. / Alamy Stock Photo
12	Newscom / Alamy Stock Photo
13	SOPA Images Limited / Alamy Stock Photo
14	NASA Earth Observatory
15	APFootage / Alamy Stock Photo
16–17	NASA
18	Grzegorz Gajewski / Alamy Stock Photo
19	NASA Earth Observatory
20–21	Cammie Czuchnicki / Shutterstock
22–23	Charlie Riedel / AP / Shutterstock
24	ZUMA Press, Inc. / Alamy Stock Photo
25	US Army Photo / Alamy Stock Photo
26–27	Tasos Katopodis / Stringer / Getty Images
28–29	imageBROKER / Alamy Stock Photo
30–31	Omer koclar / Shutterstock
32–33	WENN Rights Ltd / Alamy Stock Photo
34	NASA Image Collection / Alamy Stock Photo
35	redbrickstock.com / Alamy Stock Photo
36	John Sirlin / Alamy Stock Photo
37	Tom Bean / Alamy Stock Photo
38–39	Science History Images / Alamy Stock Photo
40–41	Andrei Kovin / Shutterstock
42	UPI / Alamy Stock Photo
43	kab / Stockimo / Alamy Stock Photo
44	NASA Earth Observatory / Joshua Stevens
45	Karim Bouchetata / Alamy Stock Photo
46	NASA Earth Observatory
47	Marina Taylor / Shutterstock
48–49	NASA Earth Observatory
50	NASA / NOAA
51	eddtoro / Shutterstock
52	Bartosz Luczak / Alamy Stock Photo
53	Peter Worth / Stockimo / Alamy Stock Photo
54–55	Oleg Senkov / Shutterstock
56	NASA
57	Maridav / Shutterstock
58	Science History Images / Alamy Stock Photo
59	NASA Earth Observatory
60–61	robertharding / Alamy Stock Photo
62–63	NASA Earth Observatory / Joshua Stevens
64–65	Science History Images / Alamy Stock Photo
66–67	NASA Earth Observatory
68–69	NASA Earth Observatory / Joshua Stevens / Lauren Dauphin
70–71	NASA Earth Observatory
72–73	Eric Middelkoop / Alamy Stock Photo
74–75	NASA Earth Observatory
76–77	NASA Earth Observatory
78–79	Stephen Coyne / Alamy Stock Photo
80	peace portal photo / Alamy Stock Photo
81	Steven J. Kazlowski / Alamy Stock Photo
82	Design Pics Inc / Alamy Stock Photo
83	Nature Picture Library / Alamy Stock Photo
84	NASA Earth Observatory / NSIDC
85	MARK RALSTON / Getty Images
86–87	Alan Gordon / Scottish Viewpoint / Shutterstock
88	NASA Earth Observatory
89	MJ Photography / Alamy Stock Photo
90–91	vladsilver / Shutterstock
92	NASA Earth Observatory
93	Lee Adamson / Alamy Stock Photo
94–95	US Geological Survey
96–97	NASA Earth Observatory
98–99	NASA Earth Observatory
100–101	NASA Earth Observatory / NASA Scientific Visualization Studio
102–103	RealyEasyStar/Paolo Bolla / Alamy Stock Photo
104–105	Global Warming Images / Alamy Stock Photo
106	Iqro Rinaldi / Shutterstock
107	ZUMA Press, Inc. / Alamy Stock Photo
108–109	frans lemmens / Alamy Stock Photo
110	Photofusion Picture Library / Alamy Stock Photo
111	Jon Arnold Images Ltd / Alamy Stock Photo
112–113	TRAVELSCAPES / Alamy Stock Photo
114–115	Fabio Lamanna / Shutterstock
116	Global Warming Images / Alamy Stock Photo
117	Xinhua / Alamy Stock Photo
118–119	mauritius images GmbH / Alamy Stock Photo
120–121	Thierry Berrod, Mona Lisa Production / Science Photo Library
122–123	Stephen Foote / Alamy Stock Photo
124–125	Adwo / Alamy Stock Photo
126	Rick Rycroft / AP / Shutterstock
127	SAEED KHAN / Getty Images
128–129	NASA / US Geological Survey
130–131	Forest Service / US Department of Agriculture / Science Photo Library
132–133	NPS Photo / Alamy Stock Photo
134	David Lichtneker / Alamy Stock Photo
135	Cliff Green / Alamy Stock Photo
136–137	Quintanilla / Shutterstock
138–139	Rodger Tamblyn / Alamy Stock Photo
140–141	NASA Earth Observatory
142–143	NASA Earth Observatory
144	Selfwood / Alamy Stock Photo
145	Universal Images Group North America LLC / DeAgostini / Alamy Stock Photo
146–147	Radoslaw Lecyk / Shutterstock
148–149	John Warburton-Lee Photography / Alamy Stock Photo
150	US Geological Survey / EROS Data Center
151	NASA
152–153	NASA Earth Observatory
154–155	NASA Earth Observatory / US Geological Survey
156–157	California Department of Water Resources
158–159	California Department of Water Resources
160–161	NASA Earth Observatory
162–163	NASA Earth Observatory
164–165	NASA Earth Observatory
166–167	NASA Earth Observatory / US Geological Survey / Lauren Dauphin
168	Sergey Kuznetsov / Alamy Stock Photo
169	PhotoStock-Israel / Alamy Stock Photo
170–171	NASA Earth Observatory
172–173	Angela Crowley / Shutterstock
174–175	Global Warming Images / Alamy Stock Photo
176–177	NASA Earth Observatory
178–179	© Mike Page / www.mike-page.co.uk
180–181	RooM the Agency / Alamy Stock Photo
182	Aerial Archives / Alamy Stock Photo
183	ZUMA Press, Inc. / Alamy Stock Photo
184–185	Nature Picture Library / Alamy Stock Photo
186 (t)	Doug Blane / Alamy Stock Photo
186 (b)	Henry Ciechanowicz / Alamy Stock Photo
187	Premium Stock Photography GmbH / Alamy Stock Photo
188–189	Peter Lopeman / Alamy Stock Photo
190–191	Geoff Robinson / Shutterstock
192 (t)	S-F / Shutterstock
192 (b)	Philip Bird LRPS CPAGB / Shutterstock
193	M Barratt / Shutterstock
194–195	zakir hossain chowdhury / Alamy Stock Photo
196	Chris Boswell / Alamy Stock Photo
197	NASA Earth Observatory
198–199	NASA Earth Observatory
200 (t)	Werner Otto / Alamy Stock Photo
200 (b)	pa picture alliance archive / Alamy Stock Photo
201 (t)	Peter Widmann / Alamy Stock Photo
201 (b)	dpa picture alliance / Alamy Stock Photo
202–203	NASA Earth Observatory
204–205	NASA Earth Observatory
206	NASA Earth Observatory
207	MOHAMED ABDIWAHAB / Getty Images
208–209	NASA Earth Observatory
210–211	Andrius Kaziliunas / Shutterstock
212	NASA / MODIS / Jeff Schmaltz
213	axz700 / Shutterstock
214–215	Izel Photography - A / Alamy Stock Photo
216	Maciej Bledowski / Alamy Stock Photo
217	mauritius images GmbH / Alamy Stock Photo
218	ZUMA Press, Inc. / Alamy Stock Photo
219	Neil Cooper / Alamy Stock Photo
220–221	Tatsiana Hendzel / Shutterstock
222–223	© Copernicus Sentinel data (2019) CC BY-SA 3.0 IGO
224	UPI / Alamy Stock Photo
225	US Geological Survey / NASA
226–227	Universal Images Group North America LLC / Alamy Stock Photo
228–229	Christian Loader / Alamy Stock Photo
230–231	Emmanuel LATTES / Alamy Stock Photo
232	imageBROKER / Alamy Stock Photo
233	Suzanne Long / Alamy Stock Photo
234–235	NASA Earth Observatory
236–237	NASA Earth Observatory
238–239	NASA / Ocean Color Group / Norman Kuring
240–241	Â©mbtarget / IPA / Shutterstock
242	Bloomberg / Getty Images
243	Hindustan Times / Getty Images
244–245	Sergiy Palamarchuk / Alamy Stock Photo
246–247	NASA Earth Observatory
248–249	US Geological Survey / NASA
250	US Geological Survey / NASA
251	National Geographic Image Collection / Alamy Stock Photo
252–253	NASA Earth Observatory